Plantain : Performances en cultures associées en savane

Patrick Mobambo Kitume Ngongo, Germaine Vangu Phaka et Jean-Christian Bangata

Éditeur: Upway Books
Auteurs: Patrick Mobambo Kitume Ngongo, Germaine Vangu Phaka
 et Jean-Christian Bangata
Titre: Plantain, Performances en cultures associées en savane
ISBN: 978-1-917916-35-6
Couverture réalisée sur: www.canva.com

Ce livre est un ouvrage de non-fiction. Les informations qu'il contient sont basées sur les recherches, l'expérience et les connaissances des auteurs au moment de la publication. L'éditeur et les auteurs ont fait tout leur possible pour garantir l'exactitude et la fiabilité des informations, mais ils assument aucune responsabilité en cas d'erreurs, d'omissions ou d'interprétations contraires du sujet traité. Cette publication n'est pas destinée à se substituer à un avis ou à une consultation professionnelle. Les lecteurs sont encouragés à demander l'avis d'un professionnel si nécessaire.

contact@upwaybooks.com
www.upwaybooks.com

TABLE DES MATIERES

Les Auteurs :

1. **MOBAMBO KITUME NGONGO Patrick :**
   - Ingénieur Agronome de l'Institut Facultaire des Sciences Agronomiques (IFA) de Yangambi ;
   - PhD en Sciences Agronomiques de Rivers State University of Science and Technology (RSUST), Port Harcourt, Nigeria ;
   - Professeur à l'Université de Kinshasa (UNIKIN), Faculté des Sciences Agronomiques ;
   - Recteur de l'Université de Kindu de 2015 à 2022 ;
   - Recteur de l'Université Mapon de 2024 à nos jours.

2. **VANGU PHAKA Germaine :**
   - Ingénieur Agronome de l'Institut Facultaire des Sciences Agronomiques (IFA) de Yangambi ;
   - Docteur en Sciences Agronomiques de l'Université de Kinshasa (UNIKIN) ;
   - Professeur à l'Université Joseph Kasa-Vubu (UKV), Faculté des Sciences Agronomiques ;

3. **BANGATA BITHA NYI MBUZU Jean Christian :**
   - Ingénieur Agronome de l'Université de Kinshasa (UNIKIN) ;
   - Docteur en Sciences Agronomiques de l'UNIKIN ;
   - Professeur à l'UNIKIN, Faculté des Sciences Agronomiques ;

PREFACE

L'agriculture africaine, en général, se caractérise essentiellement par sa faible productivité. Celle-ci est la résultante de nombreuses contraintes parmi lesquelles, on peut citer : les sols pauvres, les matériels de propagation (semences, boutures, rejets, etc.) non améliorés, les techniques culturales primitives et la lutte phytosanitaire inexistante.

Pour accroître la productivité de cette agriculture, il importe donc de lever ces différents obstacles. Cela ne se fera pas tout seul avec le temps, mais exige des efforts énormes dans le domaine de la recherche agronomique et celui de la vulgarisation agricole.

Une recherche agronomique solide est, en effet, une condition indispensable à une agriculture prospère. C'est à elle qu'on doit les progrès de l'agriculture moderne notamment par la fertilisation du sol, la mise au point des techniques culturales modernes, des variétés améliorées et des méthodes de protection des cultures.

Le chercheur novice bien souvent n'aperçoit que difficilement le problème à résoudre, mais progressivement il se rend compte que la tâche est énorme, car beaucoup reste à faire dans le domaine de l'agriculture tropicale. La recherche agronomique comporte des aspects très divers, suivant les différentes disciplines agronomiques.

Dans le domaine de la phytotechnie, la recherche se fait souvent au champ. C'est pourquoi on parle d'expérimentation au champ ou expérimentation culturale qui vise des expériences essentiellement comparatives.

L'expérimentation au champ constitue dans certains cas la dernière étape d'un long programme de recherche qui doit commencer par l'amélioration des plantes cultivées.

L'objectif ultime de l'expérimentation culturale n'est point de faire des publications scientifiques contrairement à ce qu'on serait tenté de croire, mais plutôt de faire des recommandations utiles aux agriculteurs afin d'obtenir un accroissement de la productivité du travail agricole.

La responsabilité de l'expérimentateur est de ce fait lourde et son rôle important dans le développement de l'agriculture. La validité des recommandations exige que l'expérimentation soit réalisée dans les conditions techniques garantissant la fiabilité des résultats obtenus.

Prof. Dr. Ir. Patrick MOBAMBO KITUME NGONGO
Université de Kinshasa, Faculté des Sciences
Agronomiques
Recteur de l'Université Mapon à Kindu

CHAPITRE 1. INTRODUCTION GENERALE

A l'échelle mondiale, la banane et la banane plantain (*Musa* spp., groupes AAA, AAB et ABB) se classent au quatrième rang des cultures vivrières après le riz, le blé et le maïs, en termes de valeur brute de la production (Briki *et al.*, 2021 ; Anonyme, 2010). Ce sont des denrées amylacées essentielles pour les pays en développement. Elles servent à la fois d'aliment énergétique et de dessert. Contrairement à d'autres cultures vivrières dont les récoltes sont saisonnières, les bananiers produisent sans interruption toute l'année. A ce titre, ils constituent une base nutritionnelle stable, permanente et durable, et de ce fait, jouent un rôle important dans la sécurité alimentaire et la génération de revenus pour les agriculteurs pauvres en ressources de la région intertropicale du monde (Niyongere *et al.* 2015[1] ; Niyongere *et al.* 2015[2] ; Neave, 2011 ; Anonyme, 1996). Ce sont des cultures vivrières importantes en Afrique subsaharienne, elles constituent les principales sources de nourriture pour environ 20 millions de personnes en Afrique de l'Est et 70 millions de personnes en Afrique de l'Ouest et du Centre, et génèrent de l'emploi (Bomisso *et al.*, 2018 ; De Buck et Swennen, 2016). En outre, elles fournissent environ 25 % des besoins en énergie alimentaire d'environ 70 millions de personnes dans la région (Ngatat *et al*, 2017). Sur un total d'environ 88 millions de tonnes produites annuellement dans le monde (Frison et Sharrock, 1999), à peine 11 millions de tonnes (13%) sont destinées à l'exportation, la quantité substantielle (87%) étant soit consommée sur les lieux de production, soit vendue dans le marché local rural, semi-urbain ou urbain (Anonyme, 2002 ; Anonyme, 1998).

En Afrique, la banane plantain constitue un aliment de base pour de nombreuses populations dans les zones de basse altitude au sud du Sahara (Noupadja, 1997). Le bananier plantain (*Musa spp. AAB*) est cultivé dans des systèmes traditionnels de culture et très souvent associé à d'autres plantes vivrières (Mekoa et Hauser, 2010). En réalité deux principaux systèmes de cultures dominent la gamme des associations ou des rotations culturales dans lesquelles s'insèrent les plantains : multi-espèces et monoculture. Dans la plupart des zones de production paysannes en Afrique de l'Ouest et du Centre, les systèmes multi-espèces dans un champ ou dans une exploitation sont majoritaires. Ils sont caractérisés par leur complexité : plusieurs cultures associées, des arrangements spatiaux irréguliers, des cultures incompatibles a priori dans le même espace, des superficies généralement faibles. Ces systèmes concernent entre 75 et 90% des agriculteurs. Le nombre des cultures associées au plantain varie énormément. Cette pratique est courante non seulement en Afrique, mais aussi aux Antilles et en Amérique (Kwa et Temple, 2019).

En République Démocratique du Congo (RDC), où la culture du bananier plantain vient en deuxième position après celle du manioc (Mobambo et Naku, 1993), sa production se fait selon six systèmes dans l'ordre d'importance suivant : culture en forêts, culture en jachère, culture en association avec les plantes pérennes ou vivrières, culture de case, culture pure et la production en système agroforestier (Dhed'a et al., 2019). Ces associations culturales sont réalisées de manière traditionnelle et ne tiennent généralement pas compte des effets néfastes découlant de certaines influences dont notamment la compétition pour la lumière, pour l'eau, pour les éléments nutritifs, etc. En outre, les bananeraies sont installées avec des rejets locaux 'tout venant' et sans un écartement fixe; en plus, les cultures associées sont mises en place sans espacement précis entre-elles (Bakelana, 2006). Les espèces vivrières souvent cultivées en association avec le bananier plantain sont généralement le taro, la patate-douce, le maïs et les légumes maraîchers (Mpanzu et al., 2011).

Ces dernières années, le système de culture associée à base du bananier plantain a suscité un intérêt croissant dans le monde scientifique, en raison de son apport dans la productivité et la durabilité de sa culture. En Afrique de l'Ouest et du Centre, cinq principaux types de systèmes à base de plantain sont couramment utilisés (Akinyemi et al., 2010), notamment :
- Système de culture intercalaire alimentaire,
- Système de jardins familiaux (système composé),
- Système plantain-cacao,
- Système agroforestier,
- Système de monoculture.

A part les cinq types cités ci-haut, un autre est répertorié en RDC, il s'agit du système de culture en jachère (Dhed'a *et al.*, 2019).

Références bibliographiques

Akinyemi SOS, Aiyelaagbe IOO, Akyeampong E., 2010. Plantain (Musa spp.) cultivation in Nigeria : a review of its production, marketing and research in the last two decades. *In* Proceedings of an international conference on banana and plantain in africa harnessing international partnerships to increase research impact, Dubois T, Hauser S, Staver C, Coyne D (Eds.). *Acta Horticulturae*, **879** : 211–218.

Anonyme, 1996. Descripteurs pour le bananier (*Musa* spp.). Edit. CIRAD, INIBAP et IPGRI, 55p.

Anonyme, 1998. Root and tuber crops, plantains and bananas in developing countries. Challenges and opportunities. FAO (Food and Agriculture Organization of the United Nations). *Plant production and protection paper*, Rome.

Anonyme, 2002. Les bananiers : Mémento de l'agronome. *CIRAD-GRET-Ministère des Affaires étrangères*. pp : 960-973.

Anonyme, 2010. Les Bananes: Producteurs et scientifiques se mobilisent pour une culture durable en Guadeloupe et Martinique. CIRAD (Centre de coopération internationale en recherche agronomique pour le développement), *Union Européenne*, **8**(1): 1-12.

Bakelana, B.K., 2006. Evaluation de nouveaux cultivars des bananiers dans la province du Bas- Congo. *INIBAP*. 54p.

Bomisso, E.L., Ouattara, G., Tuo, S., Zeli T.F. et Aké, S., 2018. Effet du mélange de pelure de banane plantain et de compost de fiente de poules sur la croissance en pépinière de rejets écailles de bananier plantain, variété Big Ebanga (*Musa* AAB, sous-groupe Plantain). *Journal of Applied Biosciences*, 130 : 13126 – 13137.

Briki, M.M., Vangu, P.G.H., Vuvu, K.E., Shungu, D.A., Nsimba, Y.J., Lukuta, N.G., Biba, M. et Loma, F.D., 2021. Analyse socioéconomique de la culture de bananier plantain (*Musa paradisiaca*) dans la Réserve de Biosphère de Luki en RD Congo. *Revue Africaine d'Environnement et d'Agriculture*, **4**(4) : 60-66.

De Buck, S., Swennen, R., 2016. Bananas, the green gold of the South. VIB fact-Series 1 : 1–54.

Dhed'a DB, Adheka GJ, Onautshu OD, Swennen R., 2019. La culture des bananiers et plantains dans les zones agroécologiques de la République Démocratique du Congo. Presse Universitaire, UNIKIS, Kisangani, 72p.

Frison, E. et Sharrock, S., 1999. The economic, social and nutritional importance of banana in the world. *In* C. Picq, E. Fouré and E. Frison (eds): Bananas and food security. *Proceedings of an International Symposium held in Douala, Cameroon*, 10-14 November 1998. INIBAP Montpellier-France, pp: 21-35.

Kwa, M. et Temple, L., 2019. Le bananier plantain : Enjeux socio-économiques et techniques. Editions Quæ, CTA, *Presses Agronomiques de Gembloux*, 199p.

Mobambo, K.N. et Naku, M., 1993. Situation de la cercosporiose noire des bananiers et plantains (*Musa* spp.) sous différents systèmes de culture à Yangambi, Haut-Zaïre. *Tropicultura*, **11**: 7-10.

Mekoa, C. et Hauser, S., 2010. Survival and Yield of the Plantain 'Ebang' (Musa spp., AAB genome, 'False Horn') Produced from Corm Fragment Initiated Plants and Suckers after Hot Water Treatment in Southern Cameroon. In P*roc. IC on Banana & Plantain in Africa* (Eds.: T. Dubois et al.). Acta Horticulturae, **879** : 527-535.

Mpanzu, B.P., Lebailly, P. et Kinkela, S.C. 2011. Les Cahiers de l'Association Tiers-Monde **26** : 143- 150.

Neave, 2011. Guide de bonnes pratiques phytosanitaires pour la banane (*Musa* spp. – Banane plantain (matooke), banane pomme, banane violette, mini banane et autres bananes dites ethniques). *COLEACP/PIB/Union Européenne*, 54p.

Ngatat, S., Hanna, R., Kumar, P.L., Gray, S.M., Cilia, M., Ghogomu, R.T. et Fontem, D.A., 2017. Relative susceptibility of Musa genotypes to banana bunchy top disease in Cameroon and implication for disease management. *Crop Protection*, **101:**116-123.

Niyongere, C., Lepoint, P., Losenge, T., Blomme, G., Ateka, E.M. 2015[1]. Towards understanding the diversity of banana bunchy top virus in the Great Lakes region of Africa. *African Journal of Agricultural Research*, **10**(7) : 702-709.

Niyongere, C., Omondi, A. et Blomme, G. 2015[2]. Banana bunchy top. *Virus Diseases of Tropical and Subtropical Crops* (Eds P. Tennant and G. Fermin), pp. 17-26.

Noupadja, P., 1997. Association culturale bananier plantain/maïs. *InfoMusa*, **6** : 24-26.

CHAPITRE 2. DIVERSITE GENETIQUE

1. Classification des bananiers et plantains

Le bananier (*Musa* spp.) appartient à la classe des monocotylédones, à l'ordre *Zingiberarales* et à la famille *Musaceae*, sous-famille *Musoïdeae*. La famille *Musaceae* renferme trois genres : *Musella*, *Ensete* et *Musa* qui comptent ensemble 180 espéces (Lassoudière, 2007 ; Anonyme, 2009 ; Hapsari *et al.*, 2017). Cependant les plus essentiels sont *Ensete* et *Musa* (Raemekers 2001; Stainton *et al.*, 2015). Le genre *Musa* est constitué de cinq sections qui sont *Callimusa*, *Ingentimusa*, *Australimusa*, *Rhodoclamys* et *Eumusa*. La dernière section est la plus diversifiée et la plus répandue dans le monde et la seule qui existe en RD Congo. La presque totalité de bananiers cultivés comestibles, dont tous les types en RDC, appartient à la section *Eumusa (*Dhed'a *et al.*, 2019)*. Certains appartiennent exclusivement à l'espèce *Musa acuminata* et d'autres sont des hybrides, principalement entre *M. acuminata* et *M. balbisiana* et quelques-uns entre *M. acuminata* et *M. schizocarpa*. Toutes ces trois espèces appartiennent à la section *Eumusa*. Il y a aussi quelques bananiers hybrides entre *M. acuminata* et *M. textilis*, espèce qui appartient à la section *Australimusa*. Il sied de signaler qu'il y a quelques années, fut decouvert un groupe des bananes à fruits charnus comestibles qu'on appelle bananiers "Fe'i" ou "Fehi" qui proviennent probablement principalement de *Musa maclayi*, bien que leurs origines ne soient pas aussi bien comprises que la section *Musa* bananes (Demol *et al.*, 2002). Leurs nombreux cultivars se trouvent dans la région du Pacifique Sud. Ce sont des plantes très distinctives avec des grappes de fruits dressées. La chair peut être cuite avant d'être consommée et elle est orange vif, avec un taux élevé de bêta-carotène.

Il convient aussi de signaler que, ce sont les bananiers de *M. acuminata*, désignés selon la classification moderne par la lettre ''A'' (sigle du génome A de *acuminata*) et hybrides entre *M. acuminata* et *M. balbisiana*, désignés par les lettres ''A'' et ''B'' (du génome B de *balbisiana*), désignés par les lettres ''A'' et ''B'' (du génome B de *balbisiana*) qui sont les plus répandus et les plus consommés dans le monde (Demol *et al.*, 2002). Tous les bananiers comestibles les plus répandus et consommés ont le génome de *M. acuminata*.

Cette espèce est constituée de 11 sous-espèces, certaines ayant participé plus que d'autres à l'avènement des bananiers cultivés. Ces sous-espèces sont *Musa acuminata subsp. Acuminata, Musa acuminata subsp. Burmanica, Musa acuminata var. chinensis, Musa acuminata subsp. Errans, Musa acuminata subsp. Halabanensis, Musa acuminata subsp. Malaccensis, Musa acuminata subsp. Microcarpa, Musa acuminata subsp. siamea, Musa acuminata var. sumatrana, Musa acuminata var. tomentosa, Musa acuminata subsp. truncata* (Demol *et al.*, 2002 ; Adheka *et al.*, 2018).

Du point de vue de fruits, on peut considérer deux groupes de bananiers au sein du genre *Musa* : les bananiers à fruits charnus parthénocarpiques et les bananiers à fruits secs déhiscents, contenant beaucoup de graines. Ce sont les bananiers sauvages de *Musa acuminata* et toutes les autres espèces qui produisent les fruits secs avec graines (Raemekers, 2001 ; Demol *et al.*, 2002).

2. Origine et Distribution des bananiers

Le bananier (*Musa* spp.) est originaire de régions de tropiques chaudes et humides d'Asie du Sud-Est et des Îles du Pacifique. A partir de cette région, les bananiers se sont répandus à l'Est en Amérique du Sud mais surtout à l'Ouest, à Madagascar en Afrique de l'Est, en République Démocratique du Congo et ensuite en Afrique de l'Ouest à travers les migrations indo-malaisiennes. D'autre part, l'échange de matériel de plantation a également favorisé l'introduction de la banane dans les différentes zones écologiques (Ewané *et al.*, 2024). Par ailleurs, les bananiers sont cultivés dans plus de 120 pays dans les régions tropicales et subtropicales du monde. Les bananiers cultivés sont largement distribués dans le monde, en particulier en Amérique latine et centrale, Caraïbe, Asie de l'Est et du Sud et Afrique.

Les bananiers cultivés ont pour centre primaire de diversité génétique la région qui s'étend de l'inde jusqu'en Malaisie, appelé ''centre indien ou indo-malais''. C'est dans ce centre que se trouvent la presque totalité des espèces du genre *Musa* et les formes sauvages des bananiers actuellement en culture (Demol *et al.*, 2002 ; Anonyme[b], 2016).

Sans qu'on ait les détails sur la mutation qui a introduit la parthénocarpie au sein des bananiers entrainant que certains produisent des fruits charnus sans graines, on distingue dans les bananiers à fruits comestibles des types appartenant totalement à l'espèce *M. acuminata* et des types hybrides principalement entre *M. acuminata* et *M. balbisiana* (Niyongere *et al.*, 2015 ; Adheka *et al.*, 2018 ; Som et *al.*, 2018).

Certains bananiers sont diploïdes et d'autres, plus nombreux, sont polyploïdes, surtout triploïdes et quelques-uns tétraploïdes. Nous reprenons dans le tableau 1 la nature génétique de différents cultivars.

Tableau 1. Nature génétique de différents cultivars de bananiers cultivés

Ploïdie	*M. acuminata*	Hybrides *M. acuminata* x *M. balbisiana*
Diploïde	AA	AB
Triploïde	AAA	AAB, ABB
Tétraploïde	AAAA	AAAB, AABB, ABBB

(Source : Demol et *al.*, 2002 ; Jones, 2018 ; Dhed'a et *al.*, 2019).

3. Distribution des sous-groupes dans les différentes zones agroécologiques de la RD Congo

Parmi tous les sous-groupes de triploïdes, deux sont exceptionnels en Afrique et spécialement en RD Congo car ils sont largement cultivés en dehors de leur centre d'origine. Il s'agit des sous-groupes 'Plantain' avec environ 120 cultivars et 'Mutika-Lujugira' avec environ 30 cultivars. Ils proviendraient d'un ou seulement de quelques cultivars introduits d'Asie à partir du centre d'origine des bananiers et plantains. Cette diversification à partir de quelques cultivars introduits indique des longues périodes de mutations somaclonales dans leurs zones de cultures. Ainsi, la RD Congo fait partie de centres de diversification secondaire des plantains dans la cuvette centrale congolaise et de Mutika-Lujugira dans la région de haute altitude. En dehors de ces sous-groupes adaptés à des zones agroécologiques particulières, il existe des sous-groupes dont les cultivars peuvent être facilement cultivés dans presque toute la zone de production de bananiers et plantains. Il s'agit notamment des sous-groupes Cavendish, Gros Michel, Figue Rose, etc. (Dhed'a *et al.*, 2019).

En RDC, les principales zones de production de la banane sont concentrées dans la cuvette centrale dominée par la forêt ombrophile représentée par la Province orientale, Equateur, Maniema et Kasai et la forêt tropophile du Mayumbe au Sud-ouest (Bakelana 2006 ; Dhed'a *et al.*, 2019).

4. Importantes variétés cultivées au Sud-Ouest de la RD Congo

Plusieurs variétés de bananiers sont cultivées en Afrique Subsaharienne : la banane plantain dans les plaines basses et humides de l'Afrique de l'Ouest et de l'Afrique du Centre, la banane à cuire des régions de hautes altitudes de l'Afrique de l'Est, et la banane dessert dans toutes les sous-régions (Neave, 2011). Des bananiers cultivés en RDC, on trouve différents groupes dont nous consignons les variétés exploitées dans le Sud-ouest dans le tableau 2.

Tableau 2. Différentes variétés cultivées au Sud-Ouest de la RD Congo

Type et groupe	Variétés (noms locaux)	Total
Bananes dessert		
AA	Figue sucrée	1
AAA	Gros Michel, Grande Naine, Petite Naine, Poyo, Yangambi km 5, Mafuta, Muasi zoba, Tiba, Nlemo-tia, Bitika Mayombe, Figue Rose.	11
AAAA	FHIA 01, SH3640	2

AAB (type plantain)	Bubi géant, Bubi moyen, Diyimba, Kualala, Kimbuamba, Kinsongo, Mbunga Nguala, Mfuba ndongila, Mukama, Ndongila, Nkiala, Nkielamfuki, Nsakala ndombe, Nsakala, Nseluka, Nsikumuna, Nzengani (1 ; 2 et 3 mains)	16
AAB (autre que le type plantain)	FHIA-25	1
AABB	FHIA-03	1
ABB	Mposa, Saba, Cardaba, Ngala.	4

(Source : Enquête Bioversity International, 2007, 2013 et 2017).

Références bibliographiques

Adheka, J.G., Dhed'a, D.B., Karamura, D., Blomme, G., Swennen, R. et de Langhe, E.2018. The morphological diversity of plantain in the Democratic Republic of Congo. *Scientia Horticulturae*, 234 : 126-133.

Anonyme. 2009. Consensus document on the biotechnology of bananas ande plantains (*Musa* spp.). Serie on harmonization of regulatory oversight in biotechnology n°48. *Environment Directorate Joint Meeting of the Chemicals Commitee and the working party on chemicals, pesticides and biotechnology*, 83p.

Anonyme, 2016. Banane. Un profil de produit de base par INFOCOMM. *CNUCED* (Conférence des Nations Unies sur le Commerce et le Développement). *Nations Unies*,

21p.

Demol, J ; Baudouin, J.P ; Louant, B-P. ; Maréchal, R., Mergeai, G., Otoul, E., 2002. Amélioration des plantes : Application aux principales espèces cultivées en région tropicales. *Les presses de Gembloux*. pp. 485-492.

Dhed'a, D.B., Adheka, G.J., Onautshu, O.D. et Swennen, R. 2019. La culture des bananiers et plantains dans les zones agroécologiques de la République Démocratique du Congo. *Presse Universitaire, UNIKIS*, 72p.

Ewané, C.A., Meshuneke, A., Mbang, G.E., Wassom, F.D., Che,W.A., Beyang, G.T., Ndula-Nan, C.N., Silatsa, L.F., Kom Timma, J.W., Kengoum Djam, M.-P., Bindzi Abah, R.A.B. and Niemenak, N. 2024. Stimulatory Effect of Tithonya divers folia -by Products on Plantain Banana Vivoplants in Nursery (A Review). American Journal of Plant Sciences, 15, 726-745. https://doi.org/10.4236/ajps.2024.159047.

Hapsari, L., Kennedy, J., Lestari, D.A., Masrum, A., Lestarini, W. 2017. Ethnobotanical survey of bananas (*Musaceae*) in six districts of East Java, Indonesia. *Biodiversitas*, 18(1) : 160-174.

Lassoudière, 2007. Le bananier et sa culture. Editions Quae, *Versailles, France*, 384p.

Neave, 2011. Guide de bonnes pratiques phytosanitaires pour la banane (*Musa* spp. – Banane plantain (matooke), banane pomme, banane violette, mini banane et autres bananes dites ethniques). *COLEACP/PIB/Union Européenne*, 54p.

Raemaekers. R.H. 2001. Agriculture en Afrique Tropicale. Bruxelle : *Direction Générale de la Coopération Internationale*, 2001. 1634p.

Som, D., Juyal, P., Tyagi, M., Chauhan, N., Kumar, A., Singh, C., Jabi, S. et Gaurav, N. 2018. A review on biology and study of major viral diseases in banana. *The Pharma Innovation Journal*, 7(12): 218-222.

Stainton, D. 2015. Towards understanding the evolution of *Banana bunchy top virus* and the detection of associated badnaviruses. Thèse de Doctorat (PhD). Inédit, *University de Canterbury, New Zealand*, 258p.

CHAPITRE 3. EFFETS DE FERTILISANTS ORGANIQUES SUR LA PERFORMANCE DES BANANIERS PLANTAINS CULTIVES SUR UN SOL COUVERT DE *MUCUNA PRURIENS*

1. Introduction

Le bananier plantain joue un rôle important dans la sécurité alimentaire et nutritionnelle, la diversification des sources de revenus et la réduction de la pauvreté (Singh, 2011). Cependant, son rendement est généralement faible en Afrique, de 4 à 20 t/ha, comparé à des rendements de 28 à 30 t/ha obtenus en Amérique Centrale (Swennen et Vuylseke, 2001; Nguthi, 2001). Les faibles rendements obtenus en Afrique sont essentiellement dus aux pressions parasitaires et à la baisse de la fertilité des sols (Karamura *et al.*, 1999; Stover, 2000).

Selon Speijer et Fogain (1999), les ravageurs et les maladies ainsi que la faible fertilité des sols occasionnent des pertes de rendement de 30 à 80% en fonction du cultivar. Les petits producteurs sont les plus touchés du fait du coût élevé des intrants.

Selon Mobambo (1996 et 2002) et Amadji *et al.* (2009), une gestion appropriée des sols par l'utilisation de divers résidus de cultures, appliqués sous forme de paillis, permet de réduire les effets du complexe sol-maladies-ravageurs sur le bananier plantain. Les petits producteurs d'Afrique de l'Ouest, qui assurent la plus grande partie de la production de banane plantain (Oko, 2000), pratiquent la culture du bananier plantain de case, soit en culture associée à d'autres spéculations alimentaires ou en monoculture (Swennen et Vuylseke, 2001; Viljoen, 2010; Keleke, S. 2007.).

Cette pratique permet à ces petits producteurs de maximiser l'utilisation de la terre dans le but d'obtenir des denrées alimentaires et des revenus supplémentaires (Aboubacar *et al.*, 2010). Toutefois, ne disposant pas

21

d'informations scientifiques sur les types de cultures convenables dans l'association avec le bananier plantain (Weigel, 1994; Delaunoy *et al.*, 2007), les producteurs de bananier plantain sont confrontés aux attaques des plantations de bananier plantain par des ravageurs et des maladies (Bekunda, 1999).

A cet effet, il est donc indispensable de valider scientifiquement les types de fertilisants et de cultures convenables dans l'association avec le bananier plantain. C'est ce qui justifie la présente étude qui vise à déterminer les effets des fertilisants organiques et des cultures intercalaires sur les performances agronomiques du bananier plantain.

2. Matériel et Méthodes

2.1. Site Expérimental

L'expérimentation a été menée à la station phytotechnique de N'djili-Brasserie, située dans la ville province de Kinshasa, précisément dans la commune de Mont-Ngafula entre 4°29' à 4°32' de latitude sud et 15° 20' à 15° 23' de longitude Est et s'élève à une altitude de 471,31m (Ndembo *et al.*, 1987).

2.2. Sol

Les sols de Kinshasa sont des sols à texture essentiellement sablonneuse, assortis de quelques éléments grossiers. La faible capacité de rétention en eau de ces sols leur confère une utilisation marginale pour l'agriculture. Le sol de la station phytotechnique de N'djili-Brasserie est sablo-argileux et présente une texture particulière avec un pH acide (4,72). Les éléments minéraux majeurs y sont à une faible proportion soit 0,49% pour l'azote; 0,039% pour le potassium et 0,48% pour le calcium (Bangata *et al.*, 2013).

2.3. Végétation

Dans la station, la végétation est dominée par la formation d'un lambeau forestier, des jachères pré-forestières, une jachère périodiquement inondée, une savane arbustive et une végétation rupicole (Ndembo *et al.*, 1987).

2.4. Climat

La station de N'djili-Brasserie appartient au climat du type Aw₄ selon la classification de Koppen. C'est un climat chaud et humide avec quatre mois de saison de pluies qui s'étendent de fin septembre à fin mai, avec deux mois d'extrêmes précipitations maximales (Novembre et Avril). Elle est assez fréquemment entre coupée par une petite saison sèche fluctuant entre fin Décembre et Février.

La température moyenne annuelle varie de 21°C à 26°C en saison sèche et en saison de pluie, cette température varie de 26°C à 32°C (Bangata *et al.*, 2013).La pluviométrie d'une année et demie, au cours desquelles l'expérimentation a été conduite, a été de 1245,2 mm pour l'année 2014 et de 621,6 mm pour l'année 2015.

Les mois de janvier et de novembre ont été les plus pluvieux avec des précipitations moyennes respectives de 235 mm et de 225,3 mm pour l'année 2014. Les mois de mars et d'avril ont été les plus pluvieux avec des précipitations moyennes respectives de 171,2 mm et de 191 mm pour l'année 2015 (CREN-K, 2015).

2.5. Matériel expérimental

Le matériel biologique et la technique qui avaient fait l'objet de la présente recherche sont :

> ➤Cinq essences forestières de légumineuses (*Pterocarpus angolensis, Maesopsis eminii, Inga edulis, Ricinodendron heudelotii* et *Milletia*

23

laurentii). Les cinq essences forestières sont utilisées comme cultures intercalaires avec le bananier plantain. Les semences nous ont été fournies en Mai 2013 par le Jardin Botanique de Kisantu (JBK). Elles ont un pouvoir germinatif respectivement de 96%, 94%, 97%, 95% et 95%;

➤ Le cultivar de bananier plantain (*Musa* sp, Cv. AAB), de type faux corne communément appelé « Bubi » dans le Bas-congo, issu de multiplication rapide des rejets.

Le choix a été porté sur ce cultivar à cause de son appréciation par les paysans cultivateurs du Bas-Congo et par les commerçants acheteurs. Ce matériel nous a été fourni par le projet Bioversity International en provenance de L'INERA-Mvuazi dans la province du Bas-Congo.

Ce matériel obtenu par INERA/RDC, vulgarisé depuis 2008 pour répondre aux besoins des producteurs et les commerçants acheteurs. Ses caractéristiques agronomiques sont les suivantes: une bonne croissance, un cycle végétatif de 12 à 13 mois, circonférence de la plante (59 cm), poids du régime (19 kg), Nombre de mains par régime (5-8), nombre de doigts par régime (67-92) et le poids moyen du doigt (241 gr). La hauteur maximale est moyenne (SENASEM, 2008).

2.6. Méthodes

2.6.1. Dispositif expérimental

L'essai était conduit suivant un dispositif en blocs complets randomisés avec 4 répétitions. Chaque bloc, représentant une répétition, comportait six parcelles correspondant aux traitements étudiés, soit un total de 24 parcelles.

Les traitements appliqués au plantain étaient les suivants : la *fiente de poule (10 kg fragmentés, 50% à la mise place et 50% à la floraison)*, le *lisier de porc (10 kg fragmentés, 50% à la mise place et 50% à la floraison)*, la *sciure de bois (10 kg fragmentés, 50% à la mise place et 50% à la floraison)*, le *mélange de 5 kg de lisier de porcs + 5kg de sciure de bois*, le *mélange de 5 kg de fiente de poules + 5 kg de sciure de bois et le plantain seul comme le témoin.*

Le champ avait une superficie de 7776 m² soit 108 m de long et 72 m de large. Les dimensions des parcelles étaient de 18 m dans tous sens, ce qui a fait une superficie de 324 m². Chaque parcelle comptait 54 plants de bananier plantain disposés aux écartements de 3 m x 2 m. La dose choisie était de 10 kg pour chaque fumure organique par pied.

Les engrais minéraux (100 kg d'urée ha^{-1} an^{-1} et 100 kg de NPK 17-17-17 ha^{-1} an^{-1}) ont été appliqués de façon localisée en cercles de 30 cm de rayon au pied de chaque plante de bananier plantain.

Le champ était déjà occupé précédemment par l'espèce locale de *Mucuna pruriensis* pour servir de plante de couverture.

2.6.2. Opérations culturales

2.6.2.1. Multiplication rapide des rejets de cultivar de bananier plantain

Nous avons installé un propagateur susceptible de nous fournir environ 1700 plantules de bananier en quatre mois. Une ombrière a été ensuite érigée afin d'abriter les jeunes plants avant leur transplantation. Un criblage pour rechercher des maladies virales (bunchy top) et la cercosporiose a été effectué. A cet effet, le test TAS-ELISA (Triple antibody Sandwich Enzyme-Linked Immunosorbant Assay) a été utilisé en vue de sélectionner le matériel sain destiné à la production.

2.6.2.2. Préparation du terrain

La préparation du terrain a consisté au labour et à l'hersage, effectués à l'aide d'un tracteur agricole suivi de la délimitation des blocs et des parcelles ainsi qu'à la préparation des poquets selon les dimensions requises.

2.6.2.3. Application des fertilisants

Après avoir préparé le terrain, nous avons ensuite appliqué les différents traitements dans les poquets préalablement creusés aux dimensions de 40 cm x 40 cm x 40 cm, dans les différentes parcelles destinées à installer les plants de bananier préalablement sélectionnés à partir de la pépinière.

2.6.2.4. Transplantation

La transplantation a été effectuée 10 jours après apport de la matière organique pour chaque traitement. Cette opération s'effectuait répétition par répétition.

2.6.2.5. Entretien

L'entretien a consisté par le regarnissage des vides suivant les répétitions, la fertilisation minérale, le paillage autour de chaque pied, le sarclage, l'irrigation ainsi que la taille de la plante de couverture, *Mucuna pruriensis*.

2.6.2.6. Paramètres observés

- Le taux de reprise par parcelle (%) : le taux de reprise était déterminé 7 jours après mise en place en multipliant le nombre des pieds repris par 100, divisé par le nombre total des plants transplantés ;
- Hauteur des plants (cm) : elle était mesurée à l'aide d'une tige graduée. Cette opération se faisait une fois par mois sur dix échantillons choisis aléatoirement dans les parcelles, en excluant les plantes de bordure ;
- Diamètre au collet (cm) : il était mesuré à l'aide d'un mètre ruban à 50 cm au-dessus du collet, une seule fois par mois sur dix échantillons choisis de façon randomisée dans les parcelles, en excluant les plantes de bordure;
- Vitesse de croissance (en cm/mois);
- Nombre de feuilles vivantes ou nombre de feuilles fonctionnelles (NFV);
- Surface foliaire;
- Le nombre des rejets successeurs par pied (NRS)

Ces données ont été collectées à partir du sixième mois après la mise en place définitive.

2.6.2.7. Analyse des résultats

Pour chaque traitement étudié, les données collectées ont été analysées selon la méthode de l'analyse de variance, ANOVA au seuil de probabilité de 5%. Le test de la plus petite différence significative (PPDS) était utilisé pour comparer les résultats des différents traitements appliqués. Tous ces tests étaient effectués à l'aide du logiciel STATISTIX 8.0.

3. Résultats et discussion

3.1. Résultats

Les résultats de paramètres végétatifs sont consignés dans le tableau 1.

Tableau 1. Résultats de l'influence des différents fertilisants organiques sur la croissance et le développement du bananier plantain

Traitements	TR (%)	DC (cm)	Hauteur des plants (cm)	VCD (cm/mois)	VCH (cm/mois)	NFV	Surface foliaire (cm^2)	NRS/ pied
T$_0$	52,2±0,7d	11,4 ±4,3c	34,4± 7,1c	1,1±0,8cd	6,5±3,6bc	5,3±2,5a	5,3±0,06 a	0±0 b
T$_1$	72,6±4,3a	19,2 ±5,3a	72,8±23,4a	2,8±1,3a	13,7±4,9a	6,1±1,5a	6,1± 0,08a	0,2±0,1a
T$_2$	62,6±3,9b	14,5±5,7abc	59,7±23,1ab	1,9±1abc	10,6±5,9a	5,5±1,8a	5,5±0,09 a	0±0 b
T$_3$	54,6±2,7cd	10,6 ±1,9c	42,1±14,bc	0,7±0,5d	4,6±1,8c	5,9±0,6a	5,9±0,29 a	0,1±0,1ab
T$_4$	59,4±3,9bc	12,8±2,8bc	48,9±8bc	1,2±0,7bcd	8,3±2bc	6,0±3,7 a	6,0±0,02 a	0±0 b
T$_5$	61,7±3,7b	16,7 ±1ab	60±4,6ab	2,2±0,3ab	10,8±1,5ab	6,9±2,8 a	6,9±0,02 a	0±0 b
CV (%)	5,68	13,34	11,28	19,89	14,91	16,11	17,68	167,81

Les chiffres dans les colonnes suivis de mêmes lettres ne sont pas significativement différents selon le test de la Plus Petite Différence Significative (PPDS) à 5% de probabilité.

Légende : **T0** : Témoin; **T1** : *Plantain + fiente de poule (10 kg fragmentés, 50% à la mise place et 50% à la floraison); **T2** : Plantain + lisier de porc (10 kg ragmentés, 50% à la mise place et 50% à la floraison); **T3** : Plantain + sciure de bois (10 kg fragmentés, 50% à la mise place et 50% à la floraison); **T4** : Plantain + (5 kg de lisier de porcs + 5kg de sciure de bois) fragmentés et **T5** : Plantain + (5 kg de fiente de poules + 5 kg de sciure de bois) fragmentés.*

Il ressort du tableau 1 que le taux de reprise le plus élevé est obtenu avec la *fiente de poules* (T1) (72,6%) suivis du *lisier de porc* (T2) et du mélange *fiente de poules* et *sciure de bois* (T5) respectivement avec (62,6 et 61,7%). L'analyse statistique n'a pas relevé des différences significatives entre les différents traitements (LSD 0,05 = 5,18).

La hauteur des plants de bananier plantain a varié en fonction des types de fertilisant. Les hauteurs moyennes des plants de bananier plantain, les plus élevées à 16 MAP, ont été obtenues au niveau des plants installés avec fiente des poules (72,8 cm) contre respectivement les valeurs moyennes de 34,4 cm obtenues au niveau des bananiers plantains en culture pure. Il a été observé que des plants traités avec T1 ont montré une hauteur supérieure par rapport aux autres traitements (72,8 cm) suivi de ceux traités avec T5 (60 cm). L'analyse statistique au seuil de 5% de probabilité a relevé qu'il y a des différences significatives entre les traitements (LSD 0,05 = 21,79).

A l'instar de la tendance obtenue au niveau du diamètre des plants de bananier plantain, le développement de la circonférence, à 50 cm du sol, a varié en fonction du type de fertilisant. A 16 MAP, la circonférence du pseudo-tronc des plants de bananier plantain la plus élevée a été observée chez les plants traités avec T1 (19,2 cm) suivi de ceux traités avec T5 (16,7 cm). L'analyse statistique a montré qu'il y a des différences significatives entre les différents traitements (LSD 0,05 = 4,99).

Quant à la vitesse de croissance pour la hauteur et le diamètre, les valeurs les plus élevées étaient observées avec le traitement T1 suivis de T5 respectivement (13,7 et 10,8 cm) et (2,8 et 2,2 cm). Les données numériques enregistrées ont montré de différences claires entre les traitements et que les plants cultivés dans des parcelles traitées avec T1 ont influencé tous ces deux paramètres. De ces résultats, l'analyse statistique présente des différences significatives au seuil de probabilité 5% (LSD 0,05 = 5,19 et 1,08) entre les différents traitements sur la culture du bananier.

Au regard du nombre de feuilles vivantes, encore appelées feuilles fonctionnelles, l'analyse statistique au seuil de probabilité de 5 % n'a révélé aucune différence significative entre les traitements. Ainsi tous les traitements ont montré la même performance (LSD 0,05 = 2,78).

Enfin, le nombre de rejets successeurs a été plus élevé avec le traitement *fiente de poule* (T1) suivi de la *sciure de bois* (T3), par rapport aux autres traitements qui n'ont donné aucun rejet à 16 MAP. L'analyse statistique a montré des différences significatives entre les traitements étudiés. NRS/pied: (LSD 0,05 = 0,11).

3.2. DISCUSSION

Les conditions climatiques ayant prévalu pendant la période expérimentale ont été non satisfaisantes pour la culture du bananier. En ce qui concerne cette pluviométrie, les pluies ont été moins abondantes durant les trois premiers mois de l'essai qui constituent la période végétative de la culture. La moyenne de la pluviosité était 103,8 mm, inférieure à 200 mm pendant que l'optimum pour le bananier est de 200 à 250 mm. Sous les tropiques les meilleurs rendements sont enregistrés avec 2000 à 2500 mm de pluies. Lorsque le bananier est cultivé dans des zones à saison sèche marquée, on observe une forte baisse de la production pendant la saison sèche sauf si le champ est situé dans le bas fond (Mobambo, 2012).

En ce qui concerne la température, les conditions sont normales pendant la période de l'essai car le développement normal du bananier est assuré dans les conditions de température optimale est 27 °C.

Quant à la fertilité du sol, des analyses chimiques ont été faites avant la mise place de l'essai pour déterminer le pourcentage de différents éléments constitutifs et ont donné les résultats suivants : pH : 3,55; C : 0,333, N : 0,14%; P_2O_2: 0,515‰. Ces résultats obtenus avant la période expérimentale n'étaient pas satisfaisants pour la culture du bananier, car parmi les éléments minéraux, la Potasse et l'Azote sont ceux qui sont requis en plus grande quantité. Les exportations en éléments minéraux d'une récolte de 25 tonnes/ha se présentent comme suit : N: 17 à 28 kg; P_2O_5: 6 à 7 kg; K_2O: 56 à 78 kg (Mobambo, 2012).

Les fertilisants utilisés dans les systèmes d'association culturale avec le bananier plantain ont généralement un effet positif sur la croissance des plants de bananier plantain. La gestion de la fertilité des sols est considérée comme le point de départ pour l'amélioration de la productivité des plants de bananier plantain (Bekunda, 1999). Diverses études antérieures ont montré que l'état nutritif du sol influence significativement la croissance et le développement du bananier plantain (Swennen et Vuylsteke, 2001; Howeler 2002).

Dans cette étude, nous avons effectivement obtenu que le T1 (fiente de poule: 10 kg fragmentés, 50% à la mise place et 50% à la floraison) a montré une performance supérieure par rapport aux autres traitements malgré les conditions climatiques non satisfaisantes.

En effet, le nombre de rejets des plants de bananier plantain le plus élevé observé avec le traitement de T1 est lié à l'amélioration de l'état nutritif du sol par la fiente des poules. La fiente des poules est utilisée dans diverses cultures pour sa contribution à l'augmentation de la fertilité des sols, à cause de sa composition chimique surtout en azote élevée (Dètongnon et al., 2004).

L'apport de 5 kg de fiente de poules + 5 kg de sciure de bois dans la culture de bananier plantain occupe le deuxième rang, en termes de performance des plants du bananier plantain à 16 MAP. Les résultats obtenus permettent d'affirmer qu'il existe une corrélation entre le niveau de fertilité des sols et la croissance du bananier (Dagba, 1994).

4. Conclusion

L'objectif de la présente étude était d'évaluer les effets de quelques fertilisants organiques sur les performances agronomiques du bananier plantain en cultures intercalaires sur la couverture permanente de *Mucuna pruriens* var *utilis*.

Les performances techniques d'un champ expérimental de bananier plantain ont été évaluées en vue d'identifier les principales contraintes qui limitent la durabilité de la production du plantain et de proposer des solutions pour les surmonter.

Les résultats obtenus ont montré de manière générale que la fiente des poules peut être utilisée comme fertilisant organique sur la croissance et la production de bananier plantain dans les conditions de zone savanicole.

Ainsi, nous suggérons que les études ultérieures (tests d'affinage) soient poursuivies dans le but de déterminer la quantité maximale de la fiente de poules à utiliser pour donner un rendement plus élevé que celui obtenu. La principale contrainte à la culture de bananier plantain dans la zone d'étude est principalement le très faible niveau de fertilité chimique des sols, lesquels se trouvent en milieu de savane. Sa production ne peut pas augmenter en l'absence d'apport de fertilisants. La gestion de la fertilité du sol est particulièrement cruciale pour la production durable des bananiers dans la région savanicole dont les sols sont légers.

Références bibliographiques

Aboubacar, A., Camara, P., Dugue, J.M., Kalms, Christophe, T., 2010. Systèmes de culture, habitudes alimentaires et durabilité des agro-systèmes forestiers en Afrique (Guinée, Cameroun): *une approche géo-agronomique*; INRA-SAD/CIRAD, UMR Innovation, Montpellier, France.

Amadji, G.L., Saïdou, A., Chitou, L., 2009. Recycling of organics residues in compost to improve costal sandy soil properties and cabbage shoot yiel in Benin. *International Journal of Biological and Chemical Sciences.* **3** (2): 192-202.

Bangata, B.M., Ngbolua, K.N., Minengu, M., Mobambo, K.N., 2013. Etude comparative de la nodulation et du rendement de quelques variétés d'arachide (*Arachis hypogaea* L., *Fabaceae*) cultivées en conditions éco-climatiques de Kinshasa, République Démocratique du Congo. *Int. J. Biol. Chem. Sci.*, **7**(3): 1034-1040.

Bekunda, M., 1999. Farmers' responses to soil fertility decline in banana-based cropping systems of Uganda. *Managing Africa's Soils.* **4**, 19 p.

Botula, M. 2003. Cartographie et zonage de station phytotechnique de N'djili Brasserie par le système d'information géographique. Mémoire inédit, Faculté des sciences agronomiques, Université de Kinshasa, 35p.

Dagba, E. 1994. La croissance du bananier var. Gros Michel, à Bilila (Congo). Rev. Rés. Amélior. *Prod. Agr. Milieu Aride* **6**: 119-142.

Delaunoy, Y., De Ridder, M., Lejeune, G., Balancier, B. 2007. *Le système sylvo-bananier dans le Mayumbe (R.D.C), Aperçu d'un patrimoine agroforestier, 50 ans après sa mise en place.* WWF et Musée Royal de l'Afrique Centrale, 47 p.

Dètongnon, J., Affokpon, A., Bankole, C., Houedjissin, R. 2004. Des variétés de niébé à usage multiple. Actes de l'atelier scientifique 4, Abomey-Calavi, Bénin, 12-20.

Howeler, R.H., 2002. Cassava mineral nutrition and fertilization: 115-147. *In*: Hillocks R.J., Thresh J.M., Belloti A.C., (eds). Cassava: biology, production and utilization. Wallingford, UK.

Karamura, E.B., Frison, E.A., Karamura, D.A., Sharrock, S. 1999. Banana production systems in eastern and southern Africa: 401-412. *In:* Picq, C., Fouré, E., Frison, E. A. (eds), Bananas and Food Security. INIBAP, Montpellier, France.

Keleke, S. 2007. Systèmes de culture avec plantain et bananier en Afrique occidentale et centrale, DGRST, FAO/PAM. Deuxième rapport sur l'état des ressources phytogénétiques pour l'alimentation et l'agriculture au Congo.

Mobambo, K.N. 2002. Stratégies de gestion intégrée des cultures pour la production de bananes plantain et le contrôle de la cercosporiose noire en République démocratique du Congo. *Infomusa*, **11**(1), 3-6

Mobambo, K.N., Gauhi, F., Swennen, R., Pasberg-Gauhi, C. 1996. Assessment of the cropping cycle effects on black leaf streak severity and yield decline of plantain hybrids. *Int. J. Pest. Manage*, 42, 1-7.

Mukhtar, A.A., Tanimu, B., Arunah, U.L., Babaji, B.A. 2010. Evaluation of the agronomic characters of sweet potato varieties grown at varying levels of organic and inorganic fertilizer. *World J. Agric. Sci.*, **6**(4), 370-373.

Ndembo, L., Mosozera, W.R., Kabwika, M., Makumbi, M.N. 1987. Evolution de sesquioxydes de fer et d'aluminium dans le sol de Kimwenza. Rév. *Zar. Sci. Nucl.*, p 96-107.

Nguthi, F. 2001. Tissue culture techniques and their application in agriculture: Case study of tissue culture banana in Kenya. Annual report, KARI. Nairobi, Kenya.

Oko, B.F.D., 2000. Yield of selected food crops under alley-cropping with some hedgerow species in humid tropical south- eastern Nigeria. *Trop. Agric.*, **44**(3), 167-190.

Quin, F.M., 1997. Introduction: ix-xv. *In*: Singh, B.B., Mohan Raj, D. R., Dashiell, K. E., Jackai, L. E. N., (eds), Advances in cowpea research. IITA, Ibadan, Nigeria.

Singh, H.P., 2011. Harnessing the Potential of Banana and Plantain in Asia and the Pacific for Inclusive Growth. Acta Hort., **897**: 495-506.

Speijer, P.R., Fogain, R., 1999. *Musa* and *Ensete* nematodes pest status in selected African countries. Proceedings of a Workshop on Banana IPM. Nelspruit, South Africa

Stover, R.H. 2000. Diseases and other banana health problems in tropical Africa. *Acta Hort.*, **540**: 311-317.

Swennen, R., Vuylsteke, D., 2001. Bananier *Musa* L.: 611-637. *In:* Raemaekers (ed), Agriculture en Afrique Tropicale. Bruxelles, Belgique.

Valet, S. 2011. Cultures associees multi-etagees traditionnelles innovantes. Services écologiques : résilience et durabilité des éco-agro-systèmes. Hội thảo – Colloque – Dại học Mở tp HCM – Université Ouverte de HCM ville, 20p.

Viljoen, A. 2010. Protecting the African banana (*Musa* spp.): prospects and challenges *Acta Hort.*, **879**: 305-313.

SENASEM, 2008. Catalogue variétal des cultures vivrières ; Ministère de l'Agriculture et du Développement rural, Kinshasa, éd. 2008, pp. 133 - 153.

CHAPITRE 4. EFFETS DES CULTURES ASSOCIEES DE PLANTES VIVRIERES SUR LA PRODUCTION DU BANANIER PLANTAIN EN ZONE SAVANICOLE

1. Introduction

La culture du bananier plantain en monoculture est généralement rentable pendant une ou deux années après lesquelles la fertilité du sol tend à décliner, ce qui conduit à des rendements annuels de seulement 4 à 8 tonnes/ha (Shiyam et al., 2004, Mobambo et al., 2010, Tueche, 2014) par rapport aux 30 à 50 tonnes/ha obtenus dans les jardins de case où le sol peut maintenir des rendements importants pour de nombreuses années (Wilson, 1987, Mobambo, 2002) que les associations de cultures stimulent la lutte antiparasitaire et les récoltes dans d'autres systèmes comme le push-pull (Lofinda et al., 2018 ; Mobambo, 2002) qui favorise et conserve la biodiversité et en retour, les écosystèmes agricoles se retrouvent améliorés suite au cycle des matières nutritives en augmentant le rendement et la réduction de l'érosion.

La culture de cette plante amylacée pérenne au fruit nécessitant une longue période de maturation entraine non seulement l'épuisement des nutriments du sol, mais est aussi sujette aux attaques des bioagresseurs. Par conséquent, la productivité de cette filière diminue. De plus, ajoute Lasoudière (2012) que des conditions naturelles contrôlées ou maitrisées au mieux par des aménagements, des systèmes culturaux appropriés et des traitements de protection permettent le recyclage des matières organiques nécessaires aux végétaux. En général, la dégradation des sols constitue une grave menace mettant en péril la production alimentaire dans les régions en développement à forte démographie.

Des mesures appropriées sont envisagées pour encourager la mise en valeur et la gestion des sols afin que ces pays puissent remplir durablement les besoins alimentaires de leur population.

Peu d'études sont réalisées sur la fertilisation des sols sous bananier à partir des cultures associées dans les conditions pédoclimatiques du sud-ouest de la RDC, et plus précisément dans les Cataractes.

Néanmoins, la littérature montre qu'en RDC comme dans d'autres pays de l'Afrique subsaharienne, la plupart des cultures, notamment le bananier, présentent une bonne réponse aux associations de cultures (Norgrove et Hauser, 2014 ; Dowiya et al., 2009). C'est pourquoi, il s'avère nécessaire de mener une étude en vue de connaître l'influence des cultures vivrières associées telles que l'arachide, le soja et la patate douce sur la production de la banane plantain dans le territoire de Mbanza Ngungu. L'hypothèse de départ est que les cultures associées citées ci-haut auraient un effet positif sur le rendement de la banane plantain et que l'une d'elles conduirait à un haut rendement par rapport à d'autres. En plus, le site et le cycle influenceraient aussi le rendement du plantain. Par conséquent, l'objectif de cette étude est d'évaluer dans l'espace et dans le temps la réponse de la banane plantain associée aux cultures vivrières.

2. Matériel et Méthodes

2.1. Matériel

2.1.1. Site expérimental

Les sites de Mansende et Mbubu sont situés dans le territoire de Mbanza Ngungu, province du Kongo Central, ancienne province du Bas-Congo avant la restructuration des provinces en 2015. Mansende est une zone forestière située à 14°76' de longitude E et à 5° 69' de latitude S pour une altitude de 464 m. Mbubu est une zone de savane avec 14° 82' de longitude E, 5° 76' de latitude Sud et 473 m d'altitude.

D'une manière générale, le climat caractéristique du territoire est à l'image du climat de la province du Kongo-Central. En effet, le climat est tropical de type soudanien avec 2 saisons bien marquées. La saison sèche d'un peu plus de 4 mois s'étend du 15 mai au 25 septembre. De plus, la longue saison de pluies est souvent interrompue par une petite saison sèche au mois de février (Wamuini, 2010). L'évolution des précipitations mensuelles est cyclique. Le nombre des jours de pluies par an varie de 63 à 69 jours. De juin à septembre, les précipitations sont rares et très faibles. La hauteur de pluies du mois le plus sec descend en dessous de 60 mm. Les précipitations varient de 1100 à 1612 mm/an (Nzuki, 2016). L'humidité relative se situe autour de 80 % pour tous les mois de l'année (Wamuini, 2010). La température moyenne annuelle de la région est assez uniforme, oscillant autour de 25°C (Wamuini, 2010). Les mois les plus frais sont juillet et août avec un maximum de 28,9°C et un minimum de 15,9°C. Les températures restent relativement élevées de février en avril et se situent autour de 26°C. A partir de mai, on assiste à une baisse progressive et régulière de la température pour atteindre le minimum de 21,7°C au mois de juillet-Août, période correspondant à la saison sèche. A partir de septembre, les températures amorcent une remontée pour atteindre un plateau enoctobre-novembre-décembre (25°C). Les amplitudes moyennes mensuelles sont assez faibles, ne dépassantpas 10°C.

En général les sols de la région sont ferralitiques dont deux types apparaissent majoritairement : les sols argilo-sablonneux, et les sols sablo-argileux (Anonyme, 2014). La végétation est fortement perturbée, en train de subir les processus de savanisation et de fragmentation de l'écosystème forestier (Nzuki, 2016). La végétation naturelle de

la région est de ce fait caractérisée par des savanes arbustives et des galeries forestières.

2.1.2. Matériel végétal

Le cultivar de bananier plantain sélectionné pour cette étude est du type french claire moyen,

communément appelé ''Bubi''en dialecte ''Ndibu'' du district des Cataractes, il est largement utilisé dans la région, pour ses qualités organoleptiques et sa valeur marchande. Ce bananier plantain a été prélevé dans le champ semencier (parcelle de démonstration) de Mansende (14° 76' de longitude E, 5° 69' de latitude S et 464 m d'altitude) et testé au laboratoire du Centre de recherche de Mvuazi.

Les plantes vivrières utilisées en association étaient composées de l'arachide (*Arachis hypogaea*) variété JL24), du soja (*Glycine max (L.)*, variété locale ''Mvuangi'' en dialecte Ndibu) et de la patate-douce (*Ipomea batatas*), variété locale à chair orange appelé ''Matumbalele''. Les espèces associées ont été fournies par le Centre de recherche de l'INERA (14°54' de longitude E et 5°27' de latitude S et 470 m d'altitude).

2.2. Méthodes

2.2.1. Dispositif expérimental

Au cours de cette étude, chaque association a constitué un traitement. Ainsi l'essai a été conduit avec quatre traitements, bananier plantain en monoculture (sans association T0), bananier plantain associé à l'arachide (T1), bananier plantain associé au soja (T2), bananier plantain associé à la patate-douce (T3). Le dispositif expérimental a été en blocs aléatoires complets, avec trois répétitions.

Les rejets ont été sélectionnés sur base de type de matériel, de la vigueur et de l'état sanitaire de plants-mères (Anonyme, 2018). A cet effet, les rejets baïonnettes ont été considérés puis multipliés en masse par la méthode des Plants Issus des Fragments de tiges (PIF). La technique PIF est une méthode de production rapide (entre 3-5 mois) et en masse du matériel de plantation de qualité et en quantité suffisante (Kwa et al, 2019). Ensuite, les plants produits

ont été testés avec TAS-ELISA (Triple Antibody Sandwich-Enzyme Linked Immuno Sorbent Assay) au laboratoire du Centre de Recherche de l'INERA. Le test TAS-ELISA est une méthode sérologique qui fait agir successivement trois anticorps pour détecter un antigène spécifique (A, ici c'est le BBTV). Un premier anticorps, dit de coating ou de capture, est fixé à la plaque de microtitration; il permet la capture des antigènes recherchés. Un anticorps secondaire, spécifique de l'antigène, permet la formation d'un complexe immun qui va être détecté grâce à l'addition d'un troisième anticorps couplé à une enzyme de révélation (E, ici la phosphatase alcaline). Ce troisième anticorps est spécifiquement dirigé contre les anticorps de l'espèce chez laquelle les anticorps secondaires ont été développés. La dernière étape d'apport du substrat (S, ici le pNPP) à la phosphatase alcaline provoque l'apparition d'une coloration jaune (p-nitrophenol) qui absorbe la lumière à 405 nm, révélant la présence de l'antigène (dans ce cas c'est le BBTV) (Caruana, 2014). Les plants dont les résultats des échantillons des feuilles se sont révélés négatifs ont été sélectionnés pour la plantation. Les plants ont été plantés dans des trous de 40 cm de longueur, de largeur et de profondeur avec des intervalles de 3 m x 2 m. Chaque parcelle, a eu une superficie de 10 m x 9 m avec trois rangées centrales de cinq plants de bananier. Les cultures associées ont été plantées entre les rangées des bananiers le lendemain de la mise en place des plantules de bananier, à raison de 2 graines par poquet pour l'arachide et le soja donnant ainsi cinq lignes d'arachide aux écartements de 30 cm x 30 cm, cinq lignes de soja aux écartements de 50 cm x 30 cm et deux lignes de boutures de patate douce aux écartements de 80 cm x 50 cm. L'arachide et le soja ont été maintenus pendant trois saisons culturales, tandis que la patate-douce l'a été durant toute la durée de l'essai. Les mauvaises herbes ont été sarclées au besoin.

2.2.2. Paramètres observés et analyse de données

Les observations ont été réalisées à la récolte. Les aspects végétatifs ont été les suivants : la hauteur et la circonférence de plants à la récolte. La hauteur a été mesurée du collet des plants au «V» formé par les deux feuilles épanouies, avant le cigare) et la circonférence à 1 m du sol, à l'aide d'un mètre ruban. Les paramètres de rendement ont concerné les nombres de mains et de doigts par régime, les poids de doigts et de régimes. Les nombres de mains et de doigts ont été réalisés en comptant respectivement les mains et les doigts du régime. Tandis que le poids de doigts a été fait en pesant le doigt médian de la main médiane du régime. La maturité des régimes a été déterminée par l'observation de la disparition des angles des fruits. L'intervalle plantation-coupe (IPC) a été calculé à partir du nombre de jours entre la plantation et la coupe des régimes (Kwa et Temple, 2019).

L'analyse de variance (ANOVA) reposant sur le test de Fisher à l'aide du logiciel R 3.5.3. a permis de vérifier l'égalité des variances. Le test de Tukey au seuil de 5% a été appliqué pour identifier les groupes de facteurs qui affichent des dissemblances ou ressemblances par rapport à chaque facteur (Système de culture, Site, Période).

3. Résultats

3.1. Effets de cultures associées, sites et cycles culturaux sur les variables de rendements du bananier plantain

Tableau 1 : Analyse de la variance des variables de rendement du bananier plantain en fonction des systèmes de culture, sites et cycles de culture

Sources de variation	DF	F value	Pr (>F)	DF	F value	Pr (>F)	DF	F value	Pr (>F)
		Poids de régime (kg)			*Poids de doigt (g)*			*Rendement du régime (t/ha)*	
Systèmes de culture	3	23,1	2,80e-10***	3	40, 9	7,05e15***	3	23,1	2,79e-10***
Sites	1	8,2	0,00567**	1	25,3	4,10e06***	1	8,2	0,00564**
Cycles de culture	2	18,9	3,29e-07***	2	18,2	5,34e07***	2	18,9	3,28e-07***

*Degré de signif.: 0 '***' 0.001 '**' 0.01 '*' 0.05*

Le modèle global (Tableau 1) est significatif au seuil de 5% (p-value < 0.05). En effet, au regard des probabilités associées à la statistique Fcal de chaque facteur, il ressort que les systèmes de culture, les sites ainsi que les cycles ont un effet significatif sur le poids du régime, le poids du doigt et le rendement. Le poids moyen du régime et du doigt ainsi que le rendement diffèrent d'un système de culture à l'autre, d'un site à l'autre et d'un cycle à l'autre.

3.2. Effets de cultures associées, sites et cycles culturaux sur les variables de croissance du bananier plantain et sur l'intervalle plantation-coupe de régimes

Tableau 2 : Analyse de variance de la hauteur, circonférence et de l'intervalle de plantation-coupe en fonction des systèmes de culture, sites et cycles culturaux

Sources	DF	F value	Pr (>F)	DF	F value	Pr (>F)	DF	F value	Pr (>F)
	Hauteur (cm)			*Circonférence pseudotronc (cm)*			*Intervalle plantation-récolte (j)*		
Systèmes de culture	3	0,8	0,5	3	15,3	1,23e-07 ***	3	1,3	0,3
Sites	1	9,9	0,00248**	1	4,6	0,00118 **	1	28,2	1,45e-06 ***
Cycles de culture	2	0,8	0,44196	2	4,6	0,01392 *	2	126,2	<2e-16 ***

A la lumière du Tableau 2, il est observé que seul le site a un effet significatif sur la hauteur des bananiers ($p < 0.05$). Aucune variabilité significative de la hauteur n'existe ($p > 0.05$) par rapport aux systèmes de culture et cycles de culture. Par contre, il est observé que tous les facteurs ont un effet significatif sur la circonférence des bananiers ($p < 0.05$). Ainsi, la circonférence moyenne varie selon les systèmes de culture, sites et cycles.

3.3. Effets de cultures associées, sites et cycles culturaux sur le nombre de mains et de doigts

Tableau 3 : Régression de poisson relative au nombre de mains et de doigts du bananier plantain en fonction des systèmes de culture, sites et cycles de culture

Sources	IRR	Z value	Pr (>Z)	IRR	Z value	Pr (>Z)
	Nombre de mains			*Nombre de doigts*		
Systèmes de culture	0,986009	-0,12	0,90	0,984859	-0,38	0,71
Sites	1,020078	0,23	0,82	0,997578	-0.09	0,93
Cycles de culture	1,0345375	0,32	0,75	0,999591	-0,02	0,98

Au regard du tableau 3, aucune variabilité significative n'existe au niveau du nombre de mains et de doigts concernant les systèmes de culture, sites et périodes (p> 0.05). Ces résultats indiquent que le nombre de mains comme le nombre de doigts constitue un caractère variétal.

3.4. Variation de paramètres de rendement et de croissance selon les cultures associées, sites et cycles de culture

L'évolution des paramètres de rendement et de croissance du bananier plantain sont présentées dans les tableaux 4, 5 et la figure 1.

Tableau 4 : Variation des paramètres de rendement et de croissance du bananier plantain selon le site.

Paramètres de rendement et de croissance	Site (Moyenne±Ecart type)			P-value
	Site 1	Site 2	Moyenne générale sites	
Poids moyen régimes (kg)	13,2±2,1b	11,2±2,1a	12,3±2,27	0,055
Poids doigt (g)	188,3±30,16b	167,9±28,9a	178,1±29,23	0,000
Nombre mains	7±0,1	7±0,4	7±0,0	0,8
Nombre doigts	67±1,1	67±2,2	67±1,02	0,5
Rendement (t/ha)	22,14±3,6b	20,44±4,1a	22,3±3,7	0,000
Hauteur (cm)	294,17±2,7b	290,97±5,3a	292,5±2,2	0,002
Circonférence (cm)	67,87±1,9b	63,57±2,3a	67,17±0,9	0,001
IPC (j)	766±19,99a	776±27,45b	771±7,0	0,00

Légende :

IPC : Intervalle plantation coupe

Site 1 : Mansende

Site 2 : Mbubu

Au regard du tableau 4, il est observé pour tous les paramètres, que le site Mansende a produit le poids de régimes, le poids de doigts, le rendement, la hauteur et la circonférence plus élevés que le site Mbubu. Cependant, le nombre de mains et de doigts est resté identique dans les deux sites, ce qui confirme le caractère variétal du bananier plantain « Bubi ».

Tableau 5. Variation des paramètres de rendement et de croissance du bananier plantain selon le cycle.

Paramètres de rendement et de croissance	Cycle (Moyenne±Ecart type)				P-value
	Cycle 1	Cycle 2	Cycle 3	Moyenne générale cycles	
Poids moyen régimes (kg)	11,6±2,3a	13,9±2,2c	13,1±1,7b	12,8±1,6	0,000
Poids doigt (g)	161,9±29,8a	188,3±31b	185,2±25,8b	178,4±14,4	0,000
Nombre mains	7±0,0	7±0,2	7±0,4	7±0,0	0,60
Nombre doigts	68±1,5	68±2,5	68±1,6	68±0,0	0,90
Rendement (t/ha)	18,8±3,8a	23,2±3,8b	21,8±2,9b	21,2±2,2	0,000
Hauteur (cm)	293±4,3	292±4,6	292±4,6	292,3±0,5	0,40
Circonférence (cm)	66±2,5a	68±2,2b	68±1,6b	67,3±1,1a	0,01
*IPC (j)	513±27,9a	738±33,6b	891±164,2c	714±190,1	0,000

*IPC : Intervalle plantation coupe

Par rapport au cycle de production (Tableau 5), les paramètres étudiés ont varié d'un cycle à l'autre. Il est observé que le plantain a donné le poids de régime et le rendement plus élevés au cours du 2ème et 3ème cycles comparativement au 1er cycle.

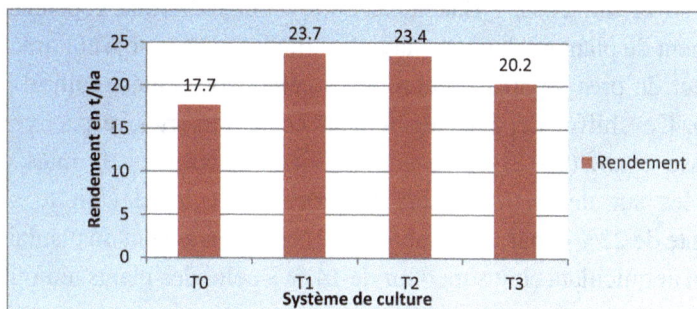

Figure 1. Variation des paramètres de rendement et de croissance du bananier plantain selon les différents systèmes de culture.

A la lumière de la figure 1, il est observé que les associations plantain-arachide (T1) et plantain-soja (T2) présentent le plus grand rendement d'environ 23 t/ha suivi de l'association plantain-patate douce (T3) avec près de 20 t/ha.

4. Discussion

Le poids du régime/rendement a été meilleur dans les parcelles associées que dans les parcelles pures, ces résultats sont en accord avec ceux des études d'Osundar *et al.* (2015) et Ntamwira *et al.* (2010) qui ont trouvé des rendements relativement bas dans la monoculture de plantain. Le cycle de production a été raccourci en présence des cultures associées, ce qui confirme les résultats de Bizimana (2018). Cependant, ce résultat contrarie celui de Noupadja (1997) dont le cycle le plus court a été obtenu dans la parcelle témoin. Cette différence serait probablement causée par l'altitude et les conditions de culture. En effet, les sites d'essais de la RDC se trouvent autour de 450 m d'altitude contrairement à celui de Njombe (Cameroun) qui est à 80 m et qui est, en plus, situé sur un sol volcanique (Sidibe *et al.*, 2020).

Cette étude montre qu'une amélioration de la production de la banane plantain est nécessairement subordonnée à la fertilisation, comme c'est le cas avec l'apport organique des plantes associées. En outre, les rendements moyens obtenus dans les parcelles pures, autour de 18 tonnes ha-1 se trouvent dans la même fourchette que les plafonds de 4 à 20 tonnes ha^{-1} rapportés généralement en Afrique (Dépigny *et al.*, 2019 ; Norgrove et Hauser, 2014 ; Lokousso *et al.*, 2012 ; Bakelana, 2006). On remarque cependant que le rendement de plantain dans les parcelles traitées avec le soja et l'arachide était supérieur de près de 30% à celui de parcelles non traités (culture pure sans apport). Ce chiffre dépasse légèrement ceux rapportés respectivement par Lokousso *et al.* (2012) où la productivité des cultures de maïs et de blé pratiquées sur des terrains dont le précédent cultural était le soja avait augmenté de 22% et par Mobambo (2002) où le rendement du plantain associé à Vigna unguiculata était supérieur de 14 % à celui des plants témoins dans la monoculture.

Des effets bénéfiques de l'arachide sur les paramètres de croissance du bananier plantain ont été rapportés par Keli et al. (2005) dans la grosseur du pseudotronc.

Le développement et la productivité de la patate douce requièrent des quantités relativement grandes de nutriments semblables au bananier plantain, mais dans cette expérience, il n'est observé aucun effet de concurrence de la patate douce vis-à-vis de la banane plantain en ce qui concerne les paramètres étudiés, contrairement aux résultats rapportés par Lokousso *et al.* (2012) où il a été observé une compétition au niveau de la circonférence du pseudo-tronc. La meilleure circonférence du pseudo-tronc observée au 2ème et 3ème cycle constitue une piste de solution contre la vulnérabilité des plantains aux chutes et casses du pseudotronc (Mobambo, 2002) lesquelles surviennent surtout à partir du troisième cycle (Kwa et Temple, 2019). Par rapport à la hauteur de plants, nos résultats ont montré les mêmes tailles des plants à tous les cycles contrairement aux observations émises par Sidibe *et al.* (2020) qui affirment une poussée considérable des hauteurs de plantes au 2ème cycle.

Le rendement élevé observé au 2ème cycle a été aussi rapporté par Kwa et Temple (2019). Les meilleurs résultats observés au niveau de Mansende pourraient être attribué à son écologie de 'galerie forestière', laquelle présente une possibilité de recyclage des matières organiques nécessaires aux végétaux. A cet effet, Kwa et Temple (2019) ont trouvé dans leurs études une teneur élevée de potassium dans le sol de forêt, ce qui contribue à la bonne production de la banane plantain, car ce dernier nécessite des besoins élevés en cet élément.

5. Conclusion

Cette étude conduite sur trois cycles de production du bananier plantain dans deux sites différents montre l'intérêt agronomique que peut procurer la présence d'une culture intercalaire dans une association avec la banane plantain. Les recherches décrites dans ce chapitre comparent quatre systèmes culturaux pour la productivité de bananes plantains. Les cultures associées (plantain/arachide, plantain/soja, plantain/patate douce) ont été comparées à la monoculture sur les paramètres de croissance et de rendement du bananier plantain local 'Bubi'. Pour tous les paramètres évalués, les plantes avec cultures associées se sont mieux comportées que les plantes en monoculture. Parmi les cultures associées, l'arachide et le soja se sont montrés significativement plus efficaces que la patate douce d'une part ; et d'autre part, les cultures associées étaient meilleures que la monoculture. En outre, comparativement au premier cycle, ce sont le 2ème et le 3ème cycle qui ont été les meilleurs.

Références bibliographiques

Bakelana, B.K., Vangu, P. et Mputu, K. 2000. Results of a survey on banana conducted among farmers in the Democratic Republic of Congo. *Infomusa*, 9 : 22-23.

Bakelana, B.K. 2006. Evaluation de nouveaux cultivars des bananiers dans la province du Bas- Congo. *INIBAP*. 54p.

Bizimana, S. 2018. L'agriculture de conservation peut-elle améliorer la fertilité des sols et la productivité des systèmes bananiers en Région des Grands Lacs ? *Thèse de Doctorat (PhD)*, Inédit. Faculté des bioingénieurs., Université Catholique de Louvain, 349p.

Caruana, I.M.L. 2014. Banana virus diagnostics for clean seed production, safe germplasm exchange and surveillance of banana bunchy top disease. *Training course, CIRAD*, Montpellier, France, July 15th-25th, 2014.

Dhed'a DB, Adheka GJ, Onautshu OD, Swennen R. 2019. La culture des bananiers et plantains dans les zones agroécologiques de la République Démocratique du Congo. Presse Universitaire, UNIKIS, Kisangani, 72p.

Dépigny, S., Wil, D.E., Tixier, P., Keng, N.M., Cilas, C., Lescot, T. et Jagoret, P. 2019. Plantain productivity: Insights from Cameroonian cropping systems. *Agricultural Systems*, 168 : 1-10.

Hauser, S., Sonder, K., Binsika Bi Mayala, G., Mafuka, M.M., Lema, K.M. Coyne, D., Van Asten, P., Legg, J., Abele, S., Alene, A., Hanna, R., Ajala, S., Abaidoo, R., Ingelbrecht, I., Dixon, A., Sanni, L., Winter, S., Kadiata, B., Janssens, M. 2007. Programme Prioritaire de Recherche Agricole. Projet ACP ZR 13/1 (GCP/DRC/036/EC selon codification FAO) – Programme de Réhabilitation de la Recherche Agricole et Forestière en République Démocratique du Congo, 91p.

Keli, J.Z., Omont, H., Assiri, A.A., Boko, K.A.M-C., Obouayeba, S., Dea, B.G. et Doumbia, A. 2005. Associations culturales à base d'hévéa : Bilan de 20 années d'expérimentations en Côte d'Ivoire : Comportement végétatif. *Agronomie Africaine*, 17(1) : 37-52.

Kwa, M. et Temple, L. 2019. Le bananier plantain : Enjeux socio-économiques et techniques. Editions Quæ, CTA, *Presses Agronomiques de Gembloux*, 199p.

Lofinda, L.M., Hance, T., Monde, T.K.G. 2018. Gestion intégrée du puceron Pentalonia nigronervosa par la stratégie push-pull dans la région de Bengamisa, République Démocratique du Congo. Revue Marocaine des Sciences *Agronomiques et Vétérinaires*. 6(4): 569-574.

Lokossou, B., Affokpon, A., Adjanohoun, A., Dan, C.B.S et Mensah, G.A. 2012. Evaluation des variables de croissance et de développement du bananier plantain en systèmes de culture associée au Sud-Bénin. Bulletin de la Recherche Agronomique du Bénin (BRAB). *Numéro spécial Agriculture et Forêt*, 9p.

Mekoa, C. et Hauser, S. 2010. Survival and Yield of the Plantain 'Ebang' (Musa spp., AAB genome, 'False Horn') Produced from Corm Fragment Initiated Plants and Suckers after Hot Water Treatment in Southern Cameroon. In P*roc. IC on Banana & Plantain in Africa* (Eds.: T. Dubois et al.). Acta Horticulturae, 879 : 527-535.

Mobambo, K.N. 2002. Stratégies de gestion intégrée des cultures pour la production de bananes plantain et le contrôle de la cercosporiose noire en République démocratique du Congo. *InfoMusa*, 11 (1) : 3-6.

Mobambo, K.N., Staver, C., Hauser, S., Dhed'a, D.B. et Vangu, G. 2010. An Innovation Capacity Analysis to Identify Strategies for Improving Plantain and Banana (Musa spp.) Productivity and Value Addition in the Democratic Republic of Congo. *Acta Horticulturae*, 879: 821-828.

Mobambo, K.N., Zuofa, K., Gauhl, F., Adeniji, M.O. et Pasberg-Gauhl, C. 1994. Effect of soil fertility on host response to black leaf streak of plantain (Musa spp., AAB group) under traditional farming systems in southeastern Nigeria . *International Journal of Pest Management*, 40, 75- 80.

Mobambo, K.N., Gauhl, F., Swennen, R. et Pasberg-Gauhl, C. 1996. Assessment of the cropping cycle effects of black leaf streak severity and yield decline of plantain and plantain hybrids. *International Journal of Pest Management*, 42: 1-8.

Mpanzu, B.P., Lebailly, P. et Kinkela, S.C. 2011. Les Cahiers de l'Association Tiers-Monde (26) : 143- 150.

Shiyam, J.O., Oko, B.F.D. et Binang, W.B. 2004. Productivité du bananier plantain de type False horn en culture associée avec le niébé et le maïs dans le sud-est du Nigeria. *InfoMusa,* 13(1) : 18-20.

Sidibé, A., Tchuensu, K.K., Diarra, S., Kwa, M. 2020. Etude des caractéristiques agro-morphologiques de quelques hybrides de bananiers (*Musa* sp.) au CARBAP de Njombé, Cameroun. *Journal of Animal et Plant Sciences*, 46(1): 8129-8140.

Noupadja, P. 1997. Association culturale bananier plantain/maïs. *InfoMusa*, 6(1) : 24-26.

Norgrove, L. et Hauser, S. 2014. Improving plantain (Musa spp. AAB) yields on smallholder farms in West and Central Africa. *para*, 6: 501-514.

Ntamwira, J., Nzawele, D.B., Katunga, D., Van Asten, P. et Blomme, G. 2010. The effect of application of matter during planting on growth of an east african highland cooking Banana grown on two contrasting soils in Kivu eastern DR-Congo. *Tree and Forestry Science and Biotechnology*, 4(2) : 15-16.

Nzuki, B.F. 2016. Recherches éthnobotaniques sur les plantes médicinales dans la Région de Mbanza Ngungu, République Démocratique du Congo. *Thèse de Doctorat (PhD), Inédit.* Faculté des Sciences en Bio-Ingénierie, Université de Gand, Belgique, 349p.

Osundare, O.T, Fajinmi, A.A. et Okonji, C.J. 2015. Effect of organique and inorganic soil amendement on growth performance plantain (Musa Paradisiaca L.). *African Journal of Agricultural Research*, 13(3) : 154-160.

Shiyam, J.O., Oko, B.F.D. et Binang, W.B. 2004. Productivité du bananier plantain de type False horn en culture associée avec le niébé et le maïs dans le sud-est du Nigeria. *InfoMusa.* 13(1): 18-20.

Sidibe, A., Kamsu, T.K., Diarra, S., Kwa, M. 2020. Etude des caractéristiques agro-morphologiques de quelques hybrides de bananiers (Musa sp.) au CARBAP de Njombé, Cameroun. *Journal of Animal and Plant Sciences*, 46(1): 8129-8140.

Tueche, R.J. 2014. Relationships between soil physical properties and crop yields in different cropping systems in Southern Cameroon. *PhD, Inédit.* Agricultural Sciences by the faculty of Agricultural Sciences at the University of Hohenheim, Stuttgart, Germany. 162p.

Wamuini, L.S. 2010. Ichthyofaune de l'Inkisi (Bas Congo / RDC): Diversité et écologie.

Thèse de Doctorat (PhD), Inédit. Université de Liège (Belgique), 304p.

Wilson, G.F. 1987. Status of bananas and plantains in West Africa. In G.J. Persley and E.A. De Langhe (Eds): Banana and Plantain breeding strategies. Cairns, *Australian Centre for International Agricultural Research*, 29-35.

CHAPITRE 5. EVALUATION DES PERFORMANCES DU BANANIER PLANTAIN EN SYSTEMES DE CULTURES ASSOCIEES PERENNES EN ZONE SAVANICOLE

1. Introduction

Dans les systèmes de cultures associées, le bananier plantain est couramment cultivé en association avec une multitude de cultures vivrières, telles que le manioc (*Manihot esculenta*), le melon (*Cucumeropsis mannii*), le taro (*Colocasia esculenta*), le tannia (*Xanthosoma sagittifolium*), l'igname (*Dioscorea alata*), le gombo (*Abelmoschus sp.*), les haricots (*Phaseolus vulgaris*), l'arachide (*Arachis hypogaea*), le niébé (*Vigna unguiculata*), le maïs (*Zea mays*), le riz (*Oryza sativa*), et le sorgho (*Sorghum bicolor*), les légumes maraichers, les arbres et arbustes à usages divers (Dowiya *et al.*, 2009).

Bien que ces systèmes aient été répertoriés, la plupart d'entre eux sont limitées dans le temps ; et cela constitue une limitation importante, car le bananier plantain qui est une plante amylacée pérenne au fruit nécessitant une longue période de maturation, entraine l'épuisement des nutriments du sol ; et par conséquent diminue sa productivité (Mobambo *et al.*, 2010). Comme le souligne Lassoudière (2012), des systèmes de culture appropriés existent et qui permettent le recyclage des matières organiques, nécessaires aux végétaux. Des études récentes ont montré que le plantain a présenté une bonne réponse aux systèmes de culture intercalaires avec des légumineuses vivrières annuelles (Vangu *et al.*, 2022). Cependant, aucune étude n'est encore réalisée sur le système de cultures associées pérennes non alimentaires (plantes de services) dans cette zone. Un déploiement de ces systèmes, peut enrichir la base des données existante pour améliorer la productivité de cette culture dans cette partie du pays.

Ainsi, dans le souci d'élargir la gamme des systèmes de culture à base du bananier plantain, la présente recherche propose d'intégrer les espèces de service, pueraria (*Pueraria phaseoloides*) et le vétiver (*Vetiveria zizanoides*), dans la production du plantain. Ces cultures plantées en intercalaires auraient un effet positif sur le bananier plantain et leur combinaison conduirait à une plus haute performance agronomique du bananier plantain.

2. Matériel et méthodes

2.1. Matériel

2.1.1. Site expérimental

L'expérimentation a été menée de 2013 à 2016 au Centre de recherches de l'Institut National pour l'Etude et la Recherche Agronomique (INERA) de Mvuazi en RDC. Le centre est situé dans la zone de savane dans la province du Kongo Central, division Unique des Cataractes, territoire de Mbanza-Ngungu, à 45 km de la ville de Mbanza Ngungu. Ses coordonnées géographiques sont 470 m d'altitude, 14°54' de longitude Est et 05°27' de latitude Sud. Il appartient à la zone climatique du type AW4 selon la classification de KOPPEN et la pluviométrie moyenne annuelle est de 1400 mm à 1600 mm d'eau. Les températures fluctuent entre 20 et 28°C. La saison sèche d'environ plus de 4 mois, s'étend du 15 mai au 25 septembre (Vangu et al., 2021). La longue saison de pluies est souvent interrompue par une petite saison sèche au mois de février. Les sols sont principalement argilo-sableux avec un faible pH (d'environ 4,5) (CSB, 2014). L'essai a été installé dans le site de Ndimba Vata, relativement plus fertile en raison des dépôts alluviaux qui s'accumulent après les inondations. Les précipitations annuelles au cours de la période d'étude ont été de 1491,3 mm (2013), 1504,2 mm (2014), 1638,9 mm (2015) et 984,6 mm (2016).

2.1.2. Matériel Végétal

Le matériel végétal était constitué de plants de plantain, du cultivar local Bubi en dialecte ''Ndibu'' (Bubi utilisé dans cet essai est un french moyen, du groupe génomique AAB). Ce matériel est la variété la plus préférée et largement utilisée dans la région pour ses qualités organoleptiques et sa valeur marchande élevée. Les autres matériels végétaux sont constitués des espèces rencontrées dans la région et conservées dans le germoplasme du Centre de Recherches de l'INERA Mvuazi ; il s'agit de Pueraria (*Pueraria phaseoloides* var *javanica* (Benth.), plante de couverture ; Vétiver (*Vetiveria zizanoides* (L.) Nash), herbe de haie. Tous ces matériels ont été fournis par ledit Centre.

Autres matériels
Les laboratoires ont servi pour le diagnostic viral et les analyses de sol ; les propagateurs sous la serre, pour la multiplication du matériel de plantation/plantain ; un conteneur de 100 litres en vue de stériliser le substrat (sciure de bois) et le Kit ELISA permettant l'analyse virale pour le contrôle du pathogène Banana Bunchy Top Virus (BBTV).

2.2. Méthodes

L'expérimentation a été conduite sur trois cycles de production du bananier plantain. Quatre systèmes de cultures à base de plantain ont été évalués en comparaison avec le système de production de banane plantain en monoculture sans amendement, considéré comme le traitement témoin. Ces quatre systèmes sont les suivants : Plantain + Engrais NPK, Plantain + *Pueraria*, Plantain + Vétiver et Plantain + *Pueraria* + Vétiver. Le test Tas-Elisa a été réalisé au laboratoire de virologie du Centre de Mvuazi. Les analyses du sol ont été réalisées au laboratoire de l'Université Kongo à Mbanza Ngungu, province du Kongo Central et les résultats des sols du 3ème cycle sont résumés dans le Tableau 1.

Préparation du matériel de plantation
Les rejets ont été extraits des plantes-mères asymptomatiques dans le parc semencier pour une production en masse du matériel de plantation par la méthode PIF (Plants Issus de Fragments de Tiges (Tomekpe *et al.*, 2011). Les rejets extraits et les plantules produites ont été diagnostiqués au laboratoire avec le test Tas-ELISA (Triple Antibody Sandwich-Enzyme Linked Immuno Sorbent Assay).

Travaux pré-culturaux

Après la délimitation du terrain, les échantillons des sols ont été prélevés. La réparation du terrain a été suivie de façonnement de trous de plantation de 40 cm de longueur, 40 cm de largeur et 40 cm de profondeur. La mise en place a eu lieu quatre semaines après le sevrage et l'acclimatation des plantules sous ombrière.

2.2.1. Dispositif expérimental

Les parcelles ont été aménagées suivant un dispositif expérimental en blocs aléatoires complets avec cinq traitements et trois répétitions. Les plants de plantain ont été installés à l'écartement de 2,5 m x 2,5 m. La taille de la parcelle a été de 17,5 m x 10 m. Chaque parcelle a eu 6 rangées de 7 plants, soit un total de 42 plants. Mais, les données ont été prélevées dans des sous-parcelles (pieds utiles) de 28 plants. Les espèces associées ont été plantées entre les lignes des bananiers un jour après la mise en place des plants de plantain : (1) les graines de *Pueraria* ont été semées à raison de trois lignes entre les plants de bananier à l'écartement de 30 cm x 30 cm ; (2) les éclats de souche de Vétiver ont été plantés à raison d'une ligne entre deux lignes de plantain et espacés de 125 cm sur la ligne ; (3) la combinaison *Pueraria* + Vétiver, le *Pueraria* et le Vétiver ont été installés comme précédemment ; (4) les plants de plantain ont reçu 300 kg d'N, 60 kg de P_2O et 550 kg de K_2O par hectare, répartis en six applications pendant la saison des pluies à raison de 65 g d'urée par plant et par application, 20 g de phosphore par plant et par application, 89 g de muriate de potasse (KCl) par plant et par application au cours des cycles de production. La première fertilisation minérale a été appliquée en couronne à 10 cm du plant, 30 jours après la mise en place des plants de plantain. Pour les cycles suivants, le premier apport a eu lieu une semaine après la récolte de la plante-mère ; (5) pour les parcelles en monoculture, aucun amendement n'a été appliqué.

Entretien des parcelles

Afin de limiter au cours de la végétation la montée de lianes sur les plants de plantain et maintenir un couvert végétal vivant sur le sol, le *Pueraria* était souvent rabattu ; le feuillage du Vétiver a été régulièrement recepé pour maintenir la souche à 30 cm du sol. D'autres soins d'entretien ont consisté à réaliser les opérations suivantes : - le toilettage des feuilles mortes (feuille entière ou ¾ des feuilles desséchées) ; - l'œilletonnage (les rejets superflus ont été enlevés), a été rigoureusement effectué pour le respect de la succession des cycles ; - la réalisation des sarclages et des désherbages, a été faite respectivement à la houe et à la machette. Cependant autour des plants, le désherbage a été régulièrement réalisé à la main. Il faut signaler qu'aucun traitement pesticide n'a été appliqué dans les parcelles. A la récolte de régimes, les pseudo-troncs et les feuillages ont été découpés et débarrassés des parcelles.

2.2.2. Paramètres observés et analyse de données

Les paramètres mesurés ont concerné les performances agronomiques de la banane plantain. Les données collectées pour mesurer ces performances ont porté sur le poids des régimes (g), le poids des doigts (g), le nombre des mains et des doigts, la hauteur (cm) ainsi que la circonférence (cm) du bananier à 1 m du sol. Ces données ont été collectées à la récolte de régimes au 1er, 2ème et 3ème cycle de production. Le poids des régimes a été mesuré à l'aide d'un peson ordinaire de 50 kg, tandis que le poids des doigts a été prélevé, à partir du doigt de référence (doigt médian) de la main médiane (Lassois *et al.*, 2009), à l'aide de la balance de précision Mettler de 1000 g.

Analyses statistiques

Après la collecte des données, celles-ci ont été saisies dans des Tableaux réalisés à l'aide du tableur Excel (2010). Les données ont subi (1) l'analyse descriptive : elles ont été représentées sous forme de moyenne ± écart type dans des Tableaux ; (2) l'analyse de variance (ANOVA) basée sur le test de Fisher a été faite à l'aide du logiciel SPSS 21.0. Le test de Tukey a permis d'identifier les groupes des facteurs. La signification du test a été considérée au seuil de 0,05.

Tableau 1 : Paramètres chimiques du sol selon différents systèmes de culture associée à Mvuazi, au 3ème cycle de production.

Paramètres physico-chimiques	Traitement Moyenne±Ecartype						P-value	Normes*
	Témoin	Engrais	Pueraria	Vétiver	Puer+vét	Moyenne		
pHeau	5,5±0,2b	5,0±0,1a	5,8±0,1c	6,5±0,05d	5,8±0,3c	5,73±0,25	0,049	5-6,5
Phosphore (ppm)	118,57±9,5d	28,58±10,5a	59,58±5b	91,56±12,52c	93,33±9,8c	78,32±9,62	0,048	>15
Potassium (ppm)	31,28±5,3	32,50±5,5	38,00±2,8	39,0±1,7	36,00±1,8	35,35±3,38	0,361NS	<117
Azote nitrate (ppm)	51,29±9,0	45,33±4,7	52,00±4,2	40,33±8,0	41,00±8,8	45,99±7,97	0,657NS	33-51
Azote ammoniacal (ppm)	95,00±5,7	73,6±2,5	99,0±5,8	89,3±7,2	80,6±1,3	87,5±4,39	0,133NS	>35
Azotenitrite (ppm)	9,87±4,4	6,9±0,6	6,6±0,6	7,1±1,0	8,4±0,5	7,77±1,35	0,801NS	>5
Matière organique (%)	2,47±0,1a	2,48±0,32a	3,81±0,1b	4,05±1,3c	3,67±0,05b	2,99±0,59	0,043	>3 (4-10)

3. Résultats

3.1. Conditions du sol expérimental au 3ème cycle de production

Les résultats des analyses du sol présentés dans le Tableau 1 montrent des différences significatives dans les quantités de nutriments du sol entre les sols de cultures associées (*Pueraria*, Vétiver) et les sols d'autres pratiques comme la monoculture et l'amendement minéral (NPK). Ces différences sont observées entre Vétiver et *Pueraria* ; Vétiver et combinaison *Pueraria* - Vétiver d'une part et entre Vétiver et monoculture ; Vétiver et amendement minéral (NPK) d'autre part pour ce qui concerne le pH, le phosphore et la matière organique. Dans les parcelles avec Vétiver, le sol se montre très faiblement acide (pH=6,5), valeur optimale pour la culture du bananier plantain), avec une quantité élevée de matière organique (4,05%). En revanche, dans les parcelles avec fertilisation chimique (NPK), le sol est acide (pH=5), avec un niveau très bas de phosphore (28,58 ppm) et une quantité faible de matière organique (2,48%). Les résultats révèlent une baisse de phosphore dans les parcelles associées et parcelles avec fertilisation contrairement aux parcelles en monoculture. Dans les conditions du site expérimental, ces résultats montrent une fluctuation des éléments chimiques des sols et que le vétiver paraît particulièrement plus efficace pour augmenter la fertilité du sol.

3.2. Evaluation des paramètres de rendement

Poids des régimes

Au regard de la probabilité associée à la statistique F calculée (F value=36.321), les résultats (Tableau 2) montrent un effet significatif entre systèmes de culture sur le poids du régime (p-value = 1,67e-12 < 0,05). Les systèmes ont influencé de manière significative le poids de régimes au seuil de 0,05 de probabilité. Ces résultats indiquent que le poids de régime diffère d'un traitement à l'autre. En revanche, aucune différence significative n'est observée par rapport à la période (p-value = 0,475 > 0,05). La Figure 1, montre que c'est l'engrais qui présente des valeurs les plus élevées suivi des cultures associées tandis que la monoculture présente des poids de régimes les plus faibles. En outre, les valeurs générées par les associations se montrent similaires. Les moyennes de poids des régimes sont 11446,67±1098,58 g ; 19097,38±1937,95 g ; 14711,98±1118,71 g ; 13532,11±1113 g et 13618,60±1505,14 g, respectivement pour le plantain en monoculture sans amendement, plantain-fertilisé avec NPK, plantain - *Pueraria* ; plantain - Vétiver et combinaison plantain – *Pueraria* - Vétiver. Pour cette variable, Ces résultats renseignent que tous les systèmes avec cultures associées semblent améliorer les poids des régimes et des doigts ainsi que la grosseur de pseudotronc en l'absence d'amendement chimique avec NPK. En outre, il est intéressant de remarquer l'absence de compétition des espèces associées vis-à-vis du bananier plantain.

Poids des doigts
La probabilité associée à la statistique F calculée (F value=27.206) relative au traitement montre un effet significatif du traitement sur le poids des doigts (p-value (1,06e-10) <0,05) (Tableau 3). Les résultats indiquent que le poids moyen des doigts différent d'un traitement à l'autre. Mais, aucune différence significative n'est observée par rapport aux cycles (p>0,05). La Figure 2, montre la même tendance observée à la Figure 1. Le traitement à base de l'engrais NPK présente des poids du doigt les plus élevés comparativement aux autres traitements. Cependant, la monoculture en a présenté les plus faibles poids. Par ailleurs, les cultures associées, présentent statistiquement les mêmes poids des doigts, lesquels sont intermédiaires entre le témoin et l'engrais NPK. Les moyennes enregistrées sont 158,18±12,6 g, 245±20,7 g, 210,29±15,7 g, 190,19±16,6 g et 188,59±22,1 g respectivement pour le traitement plantain-seul, plantain-engrais NPK, plantain - *Pueraria,* plantain - Vétiver et combinaison plantain – *Pueraria* - Vétiver.

Nombre des mains
Les résultats consignés dans le Tableau 4 ne montrent aucun effet significatif des traitements et des périodes sur le nombre de mains (p>0,05). Quel que soit le traitement affecté ou la période, ce paramètre reste identique.

Nombre des doigts
Les résultats présentés dans le Tableau 5 ne montrent aucun effet significatif du traitement et de la période sur le nombre des doigts (p>0,05).

Hauteur des plants

Les résultats de l'effet association cultures non vivrières sur la hauteur des bananiers sont présentés dans le Tableau 6. Les résultats de l'analyse de variance révèlent que le traitement et la période ne présentent aucun effet significatif sur la hauteur des bananiers, au regard des résultats obtenus ($p>0,05$). Les traitements appliqués n'influencent donc pas ce paramètre.

Circonférence des plants

Les résultats de l'analyse de variance montrent que seul le traitement appliqué a un effet significatif sur la circonférence du bananier au regard des résultats obtenus ($p<0,05$) contrairement au cycle ($p>0,05$) (Tableau 7). La Figure 3 révèle que la circonférence moyenne des bananiers varie significativement d'un traitement (système de culture) à l'autre. Les plus faibles circonférences sont obtenues dans les parcelles pures et les plus robustes dans les parcelles avec Vétiver. En revanche, les traitements avec engrais, *Pueraria* et la combinaison *Pueraria* + Vétiver présentent statistiquement des circonférences similaires. Les moyennes enregistrées sont de 66,3±1,05 cm, 68±1,29 cm, 67,3±1,33 cm, 69±1,21 cm et 68±0,8 cm, respectivement pour la culture pure, plantain + engrais, plantain + *Pueraria*, plantain + Vétiver et plantain + *Pueraria* + Vétiver. D'une façon générale, les espèces précitées mises en association permanente avec le plantain constituent des combinaisons intéressantes pour améliorer la circonférence des bananiers comparativement aux autres.

Tableau 2 : Analyse de la variance relative au poids des régimes

	Df	Sum Sq	Mean Sq	F value	Pr (>F)
Système	4	289998216	72499554	36.321	1.67e-12 *
Période	2	1895639	947820	0.475	0.626
Résiduels	38	75850726	1996072		

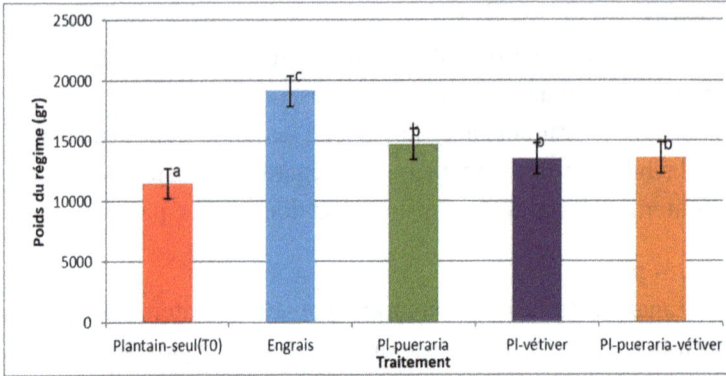

Figure 1 : Effet des traitements sur le poids du régime
Les moyennes suivies de la même lettre ne sont pas significativement différentes à un niveau de probabilité de 0,05 selon le test de Tukey

Tableau 3 : Analyse de la variance relative au poids des doigts du régime

	Df	**Sum Sq**	**Mean Sq**	**F value**	**Pr(>F)**
Traitement	4	36885	9221	27.206	1.06e-10 *
Période	2	7	4	0.011	0.989
Résiduels	38	12880	339		

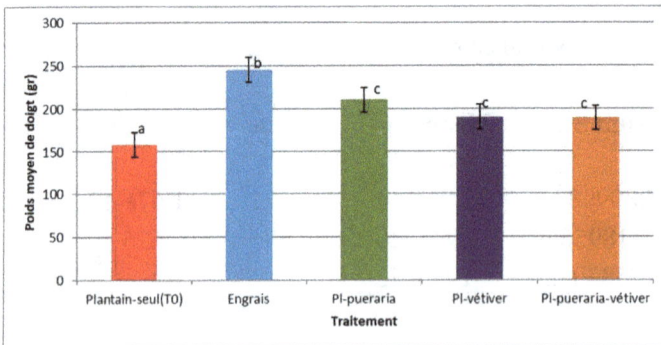

Figure 2 : Effet des traitements sur le poids des doigts

Tableau 4 : Evaluation du nombre des mains du régime en fonction des associations et des cycles de culture

Poisson regression						
			Number of obs = 45			
			LR chi2(6) = 0.03			
			Prob > chi2 = 1.0000 ns			
Log likelihood = -86.33243			Pseudo R2 = 0.0002			

Nbre Mains	IRR	Std. Err.	z	P>|z|	[95% Conf. Interval]	
Traitement 2|						
Plantain seul	.9921711	.1739757	-0.04	0.964ns	.7036063	1.399083
Pl-PuerVet	.9882259	.1734574	-0.07	0.946ns	.7005674	1.393999
Pl-Pueraria	.9961052	.1744923	-0.02	0.982ns	.706637	1.404152
Pl-Vetiver	.9807694	.1724774	-0.11	0.912ns	.694824	1.384391
Cycle 1						
Cycle 2	1.000148	.1358171	0.00	0.999ns	.7664326	1.305134
Cycle 3	.9849654	.1342697	-0.11	0.912ns	.7540252	1.286637
_cons	7.292125	1.067871	13.57	0.000	5.472713	9.716403

Tableau 5 : Evaluation du nombre des doigts du régime en fonction des associations et des cycles de culture

Poisson regression						
			Number of obs = 45			
			LR chi2(6) = 0.03			
			Prob > chi2 = 1.0000ns			
Log likelihood = -136.25823			Pseudo R2 = 0.0001			

Nbre Doigts	IRR	Std. Err.	z	P>|z|	[95% Conf. Interval]	
Traitement 2							
Plantain seul	.9955542	.0571585	-0.08	0.938ns	.8895989	1.114129
Pl-PuerVet	1.001911	.057432	0.03	0.973ns	.8954394	1.121042
Pl-Pueraria	.9954812	.0571554	-0.08	0.937ns	.8895318	1.114050
Pl-Vetiver	.9962825	.0571898	-0.06	0.948ns	.8902681	1.114921
Cycle 1						
Cycle 2	1.004479	.044688	0.10	0.920ns	.9206024	1.095998
Cycle 3	1.004645	.0446936	0.10	0.917ns	.9207579	1.096176
_cons	67.36048	3.235215	87.66	0.000	61.30888	74.00943

Tableau 6 : Analyse de la variance relative à la hauteur du bananier plantain

	Df	Sum Sq	Mean Sq	F value	Pr(>F)
Traitement	4	49.4	12.36	0.820	0.521
Période	2	54.4	27.20	1.804	0.178
Résiduels	38	572.8	15.07		

Tableau 7 : Analyse de la variance relative à la circonférence du bananier plantain

	Df	Sum Sq	Mean Sq	F value	Pr(>F)
Traitement	4	15.73	3.932	3.202	0.0232 *
Période	2	6.92	3.460	2.818	0.0722
Résiduels	38	46.66	1.228		

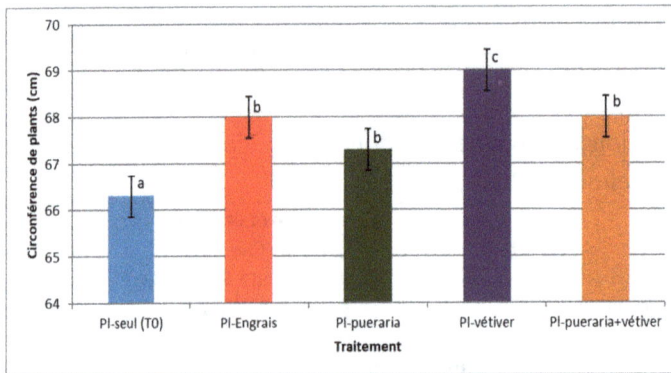

Figure 3 : Effets des traitements sur la circonférence du bananier plantain

4. Discussion

Les cultures associées pérennes utilisées dans cette étude ont amélioré d'une manière significative les conditions des sols de cultures comparativement aux systèmes monoculturaux, ces derniers ont réduit la fertilité des sols, résultats similaires enregistrés par Balogun *et al.*, (2022). Ces auteurs signalent que la baisse du niveau de fertilité des terres cultivables reste l'une des contraintes majeures de l'agriculture. Cela montre également que la connaissance des propriétés physico-chimiques des sols est importante pour l'agriculture durable visant à la fois l'accroissement des rendements agricoles et la préservation de la fertilité des sols (Bassole *et al.*, 2023 ; Coulibaly *et al.*, 2023). Les poids de régimes relativement faibles en culture pure généré dans cette étude sont similaires à ceux observés très couramment en Afrique (Dépigny *et al.*, 2019).

La gestion de la fertilité des sols est toujours considérée comme le point de départ pour l'amélioration de la productivité du plantain (Lokousso *et al.*, 2012). Diverses études antérieures ont montré que l'état nutritif du sol influence significativement la production du plantain (Mobambo *et al.*, 2002 ; Mobambo *et al.*, 2010). De même, Lassoudière (2012) a signalé que la croissance et la productivité de la banane plantain requièrent des quantités relativement grandes de nutriments. Les poids élevés des régimes et des doigts observés au niveau des associations étudiées sont liés significativement à l'amélioration de l'état nutritif du sol par le *Pueraria* et le Vétiver comme le montrent les analyses des sols. Le *Pueraria* est utilisé dans diverses associations ou rotations culturales pour sa grande contribution dans l'accroissement de la fertilité des sols par le biais de l'addition annuelle de l'azote (N'goran *et al.*, 2012). Bado (2002) a fait la même observation pour ce type de système et a attribué l'accroissement de la fertilité de sols à la décomposition plus rapide de la litière de cette légumineuse, car cette litière contient moins de lignine et possède un ratio C/N très bas. Inoussa (2013) a estimé à 50 kg/ha/an, l'approvisionnement du sol en azote par les légumineuses pérennes. Les résultats de notre recherche sont aussi en accord avec ceux rapportés par Minengu *et al.* (2015) et Balogoun *et al.* (2022) sur l'avantage des associations avec légumineuses pérennes.

Nos études ont montré que le Vétiver a apporté la matière organique et rehaussé la fertilité des sols (Chomchalow, 2015 ; The Vetiver Network International, 2017). D'après les études d'Abaga (2012), les bandes enherbées de vétiver dans une parcelle de chou ont réduit les pertes en nutriments P (PO-4), N (NO-2) et N (NO-3) de 11, 35 et 11% respectivement, 15 mois après sa mise en place. D'après le même auteur, cela pourrait être expliqué par l'aptitude du système racinaire massif de cette graminée, à exploiter de grandes profondeurs après un temps de croissance, facilitant ainsi la concentration du carbone dans le sol et son stockage. En outre, cette plante possède la capacité de piéger les alluvions provenant des ruissellements ;

favorisant ainsi l'enrichissement des sols en éléments nutritifs. L'efficacité agronomique de phosphore et de potassium a été prouvée par Segda *et al.* (2014) et Kotaix *et al.* (2022). La matière organique du sol conditionne de nombreuses propriétés du sol et sa gestion est une composante essentielle de la durabilité des agrosystèmes ; elle est un réservoir important de carbone, impliquée dans le cycle global du carbone et le changement climatique (Balogoun, 2022). Ainsi, dans la présente étude, le Vétiver s'est comporté comme une culture qui a favorisé l'augmentation de la grosseur du pseudotronc du bananier. Mobambo (2002) a rapporté que la robustesse diminue le risque de verse et de casse des pseudotroncs des bananiers, cette verse survenant surtout à partir du 2ème cycle de culture. De ce fait, ce caractère se montre très intéressant pour les producteurs des bananes plantains. La circonférence du pseudotronc paraît être un bon descripteur global de la croissance du bananier pendant la phase végétative car elle intègre, durant cette période, les effets des techniques culturales, du climat et de la fertilité du sol.

5. Conclusion

Au terme de l'étude dont l'objectif était d'élargir la gamme des systèmes de culture à base du bananier plantain, il a été mis en évidence trois systèmes de culture qui ont influencé positivement la production du bananier plantain. Mais, parmi eux, deux ont permis d'obtenir les meilleures performances du bananier plantain, ce sont les systèmes plantain - *Pueraria* et plantain - Vétiver. Ils constituent des véritables sources des nutriments dans le sol et, de ce fait, peuvent jouer le rôle d'engrais. Ainsi, ils peuvent faire partie des systèmes de culture du bananier plantain à conseiller. Le reste, c'est-à-dire la combinaison plantain – *Pueraria* - Vétiver n'a pas conféré une plus haute performance au bananier plantain, les causes sont à rechercher dans le système global de compétition culturale. Cependant, l'évaluation du système global aux niveaux aérien (canopée) et souterrain (disponibilité de l'eau et des nutriments) de chaque système est nécessaire pour dégager le système le plus performant et le plus durable.

Références bibliographiques

Abaga NOZ. 2012. Efficacité du vétiver (*Vetiveria zizanioides*) pour limiter la dispersion de trois micropolluants dans les sols cotonniers et maraîchers du Burkina-Faso : endosulfan, cuivre et cadmium. Thèse de Doctorat (PhD), Université de Lorraine, France, 239p.

Akinyemi SOS, Aiyelaagbe IOO, Akyeampong E. 2010. Plantain (Musa spp.) cultivation in Nigeria : a review of its production, marketing and research in the last two decades. In Proceedings of an international conference on banana and plantain in africa harnessing international partnerships to increase research impact, Dubois T, Hauser S, Staver C, Coyne D (Eds.). *Acta Horticulturae*, **879** : 211–218.

Bado BV. 2002. Rôle des légumineuses sur la fertilité des sols ferrugineux tropicaux des zones guinéenne et soudanienne du Burkina Faso. Thèse de Doctorat (PhD), Université Laval Guébec, Canada, 197p.

Balogoun I, Ogoudjobi SL, Bero EO, Dahodo B, Vidinhouede R, Houngnandan P. 2022. Performance agronomique du Mucuna pruriens sur la culture du maïs et la fertilité chimique des sols ferralitiques au Sud- Bénin. *International Journal of Biological and Chemical Sciences*, **16**(5): 2202-2211. DOI: https://dx.doi.org/10.4314/ijbcs.v16i5.29.

Bassole Z, Yanogo IP, Idani FT. 2023. Caractérisation des sols ferrugineux tropicaux lessivés et des sols bruns eutrophes tropicaux pour l'utilisation agricole dans le bas-fond de Goundi-Djoro (Burkina Faso). *International Journal of Biological and Chemical Sciences*, **17**(1): 247-266. DOI: https://dx.doi.org/10.4314/ijbcs.v17i1.18.

Coulibaly K, Traore M, Gomgnimbou APK, Yameogo LP, Bacye B, Nacro HB. 2023. Effets de différents modes de gestion de la fertilité du sol sur les performances du niébé (*Vigna unguiculata*) et de l'Ambérique (Vigna radiata) à l'Ouest du Burkina Faso. *International Journal of Biological and Chemical Sciences*, **17**(1): 267-280. DOI: https://dx.doi.org/10.4314/ijbcs.v17i1.19.

CSB (Centre de Surveillance de la Biodiversité). 2014. Etat de lieux de la biodiversité en République Démocratique du Congo. 1st International Conference on Biodiversity in the Congo Basin, 6-10 juin, Kisangani, République Démocratique du Congo, 384p.

Chomchalow N. 2015. *Vetiver*: A Living Trap. Pacific Rim Vetiver Network. *Technical Bulletin*, **2** : 26p.

Dépigny S, Wil DE, Tixier P, Keng NM, Cilas C, Lescot T, Jagoret P. 2019. Plantain productivity: Insights from Cameroonian cropping systems. *Agricultural Systems,* **168**: 1-10.

Dhed'a DB, Adheka GJ, Onautshu OD, Swennen R. 2019. La culture des bananiers et plantains dans les zones agroécologiques de la République Démocratique du Congo. Presse Universitaire, UNIKIS, Kisangani, 72p.

Dowiya NB, Rweyemamu CL, Maerere AP. 2009. Banana (*Musa* spp.) cropping systems, production constraints and cultivar preferences in eastern Democratic Republic of Congo. *Journal of Animal and Plant Sciences*, **4**(2): 341-356. DOI: http://www.biosciences.elewa.org/jap

Inoussa B. 2013. Effets des cultures sur la couverture et les paramètres du sol pour la durabilité des systèmes de culture : cas des sols ferrugineux tropicaux de la station de recherche de Farako-bâ. Diplôme de Master. Université Polytechnique de Bobo-Dioulasso (UPB), Burkina Faso, 52p.

Kotaix AJA, Kouassi YF, Assi EGM, Irie LDM-P, Kouadio KH, Kouame NN, Kassin KE, Coulibaly K et Koko LA. 2022. Effets du phosphore et du potassium sur la fertilité chimique du sol et des paramètres de rendement du cacaoyer. *International Journal of Biological and Chemical Sciences*, **16**(5): 2413-2423. DOI: https://dx.doi.org/10.4314/ijbcs.v16i5.46

Lassois L, Busogoro JP, Jijakli H. 2009. La banane : de son origine à sa commercialisation. *Biotechnology, Agronomy, Society and Environnment*, **13**(4): 575-586. URL: https://www.researchgate.net/publication/40625046

Lassoudière A. 2012. *Le Bananier, un Siècle d'Innovations Techniques*. Editions Quae : Versailles, France ; 380p.

Lokossou B, Affokpon A, Adjanohoun A, Dan CBS, Mensah GA. 2012. Evaluation des variables de croissance et de développement du bananier plantain en systèmes de culture associée au Sud-Bénin. *Bulletin de la Recherche Agronomique du Bénin (BRAB). Numéro spécial Agriculture et Forêt*, 9p. http://www.slire.net

Minengu JD, Mobambo P, Mergeai G. 2015. Etude des possibilités de production de *Jatropha curcas* L. dans un couvert permanent de Stylosantes guianensis (Aublet) Swartz en association avec le mais (Zea mays) et le soja (Glycines max (L.) Merr.) dans les conditions du Plateau des Bateké à Kinshasa. *Tropicultura*, **33**(4) : 309-321.

Mobambo PK, Gauhl F, Pasberg-Gauhl C, Swennen R, Staver C. 2010. Factors Influencing the Development of Black Streak Disease and the Resulting Yield Loss in Plantain in the Humid Forests of West and Central Africa. *Tree and Forestry Science and Biotechnology*, **4** (Special Issue 1) : 47-51.

Mobambo KN. 2002. Integrated crop management strategies for plantain production and control of black leaf streak (black Sigatoka) disease in the Democratic Republic of Congo. *Infomusa*, **11**(1) : 3-6.

N'goran KE, Kassin KE, Zohouri GP, Yoro GR. 2012. Gestion améliorée de la jachère dans le système de culture à base d'igname par l'utilisation de légumineuse de couverture. *Journal of Applied Biosciences*, **52**: 3716–3724. www.m.elewa.org *G. P. VANGU et al. / Int. J. Biol. Chem. Sci. 17(4): 1443-1455, 2023.*

Norgrove L, Hauser S. 2014. Improving plantain (Musa spp. AAB) yields on smallholder farms in West and Central Africa. *Food Security*, **6**: 501–514. DOI: 10.1007/s12571-014-0365-1

Onzo A, Moustapha SS, Zoumarou-Wallis N, Datinon DB, Damó M. 2016. Effets des associations culturales sur la dynamique de population des principaux insectes ravageurs et la production en graines de Jatropha curcas L. au Sud-Bénin. *International Journal of Biological and Chemical Sciences*, **10**(3): 993-1006. DOI: http://dx.doi.org/10.4314/ijbcs.v10i3.7

The Vetiver Network International. 2017. The vetiver system for on farm soil and water conservation, 31p.

Tomekpe K, Kwa M, Dzomeku BM, Ganry J. 2011. CARBAP and innovation on the plantain banana in Western and Central Africa. *International Journal Agricultural Sustainability*, **9**: 264–273. DOI: 10.3763/ijas.2010.0565

Segda Z, Yameogo PL, Mando A, Kazuki S, Wopereis MCS, Sedogo MP. 2014. Le phosphore limite-t-il la production intensive du riz dans la plaine de Bagré au Burkina Faso? *International Journal of Biological and Chemical Sciences*, **8**(6): 2866-2878. DOI: http://dx.doi.org/10.4314/ijbcs.v8i6.43

Vangu GP, Mobambo KN, Omondi A, Staver C. 2022. Effets des cultures associées de légumineuses sur la production du bananier plantain au Sud-Ouest de la République Démocratique du Congo (RDC). *Revue Scientifique et Technique Forêt et Environnement du Bassin du Congo,* **18** : 32-40. DOI: https://www.doi.org/10.5281/zenodo.6391494

Vangu PG, Mobambo KP, Omondi AB, Staver C. 2021. Evaluation de l'efficacité de la macro-propagation des cultivars de bananiers les plus préférés au Kongo Central, en RD Congo. *Afrique SCIENCE*, **19**(6) : 76–88. http://www.afriquescience.net

CHAPITRE 6. EVALUATION DE LA PRODUCTIVITE DE CINQ CULTIVARS DES BANANIERS INSTALLES EN COULOIRS DES LEGUMINEUSES ARBORESCENTES

1. Introduction

En République Démocratique du Congo (RDC), plusieurs exploitants agricoles cultivent le bananier plantain en association avec d'autres cultures vivrières dont notamment macabo, taro, manioc, patates, légumes et légumineuses vivrières. Il est cultivé principalement dans de petites structures de production et dans des associations de cultures diverses qui varient selon les régions. Les agriculteurs privilégient des techniques qui minimisent l'usage d'intrants phytosanitaires chimiques. L'intensification pour accroître la production avec une gestion durable des ressources de l'écosystème implique des capacités à mobiliser les connaissances de la recherche scientifique (Kwa et Temple 2019). A cet effet, deux questions méritent attention : quelle est l'essence de légumineuse qui serait performante dans le système sylvo-bananier dans les conditions de savane ? Quel cultivar produirait mieux dans ces différents agroécosystèmes ?

L'utilisation d'une légumineuse à croissance rapide, donnant la biomasse foliaire abondante pourrait être plus performante dans le système sylvo-bananier avec un cultivar de bonne croissance pouvant conduire à une bonne production des bananes dans les conditions de savane. L'objectif général de cette étude est l'amélioration de la production des bananes dans les conditions savanicoles. Spécifiquement, ce travail vise à comparer les différentes associations de légumineuses arborescentes avec cinq cultivars de bananiers en vue d'identifier celles qui seront performantes dans la production des bananes.

2. Matériel et méthodes

2.1. Milieu

Notre essai expérimental a été installé au plateau des Batéké, au village Mpuku N'sele, à environ 130 Km du centre-ville de Kinshasa. Les coordonnées géographiques sont les suivants: 4° 30' 36,470'' de latitude sud, 15° 55'7,251'' de longitude Est, et à 472 m d'altitudes. Dans son ensemble, le climat du plateau de Batéké, comme celui de la ville de Kinshasa est du type Aw4 suivant la classification de Köppen. C'est un climat tropical humide soudanien avec deux saisons bien contrastées; une saison sèche qui s'étend de mi-mai à mi-septembre et une saison humide qui débute à la mi-septembre pour s'achever à la mi-mai.

□ *Température*: La température moyenne annuelle est de 26 °C. Elle diminue durant la saison sèche de juin-août, avec une moyenne de 24 °C et elle augmente de 0.5 °C pendant la saison des pluies. La température maximale moyenne mensuelle est de 30 °C, avec un maximum absolu de 39 °C, tandis que la température minimale moyenne mensuelle est de 19,5 °C durant la saison sèche avec un minimum absolu de 14,5 °C (relevés de terrain) (Nsombo, 2016).

□ *Insolation*: L'insolation est suffisamment élevée avec une durée annuelle atteignant 1 838 heures. Elle est basse en sai- son sèche à cause de la couverture nuageuse et est plus élevée au début de la saison de pluie, avec 194 heures en octobre ; la moyenne mensuelle est de 116 heures (Nsombo, 2016).

□ *Pluviométrie:* Les précipitations ont une double périodicité avec des maxima aux mois d'avril et de novembre et une courte sécheresse entre janvier et février. La période la plus sèche est le mois de juillet où souvent on enregistre zéro mm de pluie; tandis que novembre est le mois le plus pluvieux avec des hauteurs des pluies atteignant facilement 242 mm. La moyenne annuelle est de 1561 mm.

Les pluies et les nappes aquifères sont les deux sources principales naturelles de l'eau du sol. Au plateau des Batéké, la seconde source ne joue pratiquement aucun rôle, car elle se situe à de très grandes profondeurs (environ 140 m). Les rivières étant très encaissées, il en résulte que le problème d'eau se pose avec acuité dans cette contrée, à l'exception de quelques dépressions (Nsombo, 2016).

☐ *Humidité relative* : L'humidité relative moyenne atteint 90% pendant la nuit et décroît à 50 % durant le temps chaud de la journée. La moyenne journalière oscille autour de 80%. Cette humidité atmosphérique élevée se maintient au cours de la saison sèche à cause des brouillards qui règnent pendant cette période aux petites heures matinales.

☐ *Évapotranspiration* : L'évapotranspiration annuelle varie entre 1237 et 1340 mm. La variation mensuelle saisonnière observée est maximale à la fin de la saison des pluies avec 119 mm au mois de mars. Elle est la plus faible pendant la saison sèche avec 88.8 mm au mois de juillet, consécutive à la diminution de la température et de l'insolation (Nsombo, 2016).

Au plateau des Batéké, le sol est sableux friable, et à faible capacité de rétention d'eau. Dans un tel sol, le seul élément capable de retenir l'eau, de garder l'humidité est la matière organique. Sous les plantations d'*Acacia* sp ou sous les galeries forestières, la teneur en matière organique est relativement élevée et la litière forme une couche de plus de 5 cm. Par contre sous formation herbeuse, où les feux de brousse sont quasi annuels, la litière est presque inexistante (Nsombo, 2016). L'essai a été mené au cours de la période allant de 15 octobre 2019 au 15 septembre 2021, faisant ainsi une année et onze mois d'expérimentation.

2.2. Matériel

Nous avons utilisé quatre légumineuses arborescentes : *Millettia laurentii*, *Acacia auriculiformis* Benth, *Inga edulis* Mart. et *Pterocarpus indicus* Willd., plantées une année avant la mise en place des bananiers. Les semences de ces légumineuses avaient été fournies par le Jardin Botanique de Kisantu dans le Kongo-Central. Pour les bananiers, nous avons utilisé un cultivar de bananier dessert (AAA), Gros Michel et quatre cultivars de plantains (AAB), Bubi, Diyimba, Ndongila (tous trois du type French) et Nsikumuna (de type Faux corne) (Tableau 1).

Tableau 1. Caractéristiques des cultivars utilisés

Cultivars de bananiers	Cycle végétatif (jours)	Hauteur (cm)	Diamètre au collet (cm)	Poids de régime (kg)	Nombre de mains/ régime	Nombre de doigts/ régime	Poids moyen de doigt (gr)
Bubi	360 – 390	280	59	19	5 – 8	67 – 92	241
Diyimba	360 – 390	300	65	13	5 – 7	25 – 31	377 – 380
Ndongila	400 – 450	310	70	30	7 – 8	98 – 135	227 – 230
Nsikumuna	540 – 720	450	95	45	18 – 22	85 – 120	215 - 216
Gros Michel	360 – 390	330	85	28	7 – 10	101– 143	210 -220

Source : INERA, 2009

Ces bananiers ont été fournis par le projet Biodiversity International en provenance de l'INERA M'vuazi dans la province du Kongo-Central.

Le dispositif expérimental adopté au cours de notre expérimentation était le dispositif factoriel (essences forestières et cultivars de bananiers) avec 3 blocs. Chaque bloc représentant une répétition. Le champ expérimental a une superficie de 10 800 m², soit 120 m de longueur et 90 m de largeur. Les dimensions des parcelles sont de 30 m en tous sens, ce qui a fait une superficie de 900 m². Chaque parcelle comptait 25 plantes des essences forestières disposées aux écartements de 6 m x 6 m, intercalées de 92 plantes de plantain entre les lignes des essences forestières, disposées aux écartements de 3 m x 2 m, soit au total 75 plantes d'essences forestières transplantées, avec au total 276 plantes de plantain installées aux écartements de 3 m x 2 m pour chaque agroécosystème.

2.3. Méthodes

a) Techniques culturales

La préparation du terrain avait commencé par le labour et le hersage qui ont été effectués à l'aide d'un tracteur agricole suivi de la délimitation des blocs, des parcelles et le piquetage des lignes de plantation. Après avoir préparé le terrain, nous avions procédé par la trouaison des poquets aux dimensions de

40 cm x 40 cm x 40 cm, des différentes parcelles et par répétition et nous avons amendé à raison de 10 kg de bouse de vaches par poquet. Cette opération a été réalisée deux semaines après l'amendement, répétition par répétition. L'entretien consistait à faire le regarnissage des vides suivant les répétitions, le paillage autour de chaque pied, le sarclage, l'effeuillage régulier et l'élagage des essences forestières.

b) Paramètres végétatifs

Les paramètres végétatifs mesurés sont la hauteur de la plante mère à la floraison (m), le diamètre au collet du pied mère à la floraison (cm), le nombre des rejets successeurs par pied, le nombre de feuilles vertes du pied mère, la hauteur de rejet fils (plus grand rejet) (m), la surface foliaire (cm2), le nombre de feuilles vertes du rejet fils, 50% de floraison ainsi que le cycle végétatif (date de récolte). Nous avons prélevé la hauteur de la plante mère et celle du rejet fils à l'aide de mètre ruban. Ceci se faisait du collet jusqu'à l'insertion du pétiole de la dernière feuille déployée. Le diamètre au collet a été mesuré par le mètre ruban, à 10 centimètres du sol et en divisant la valeur obtenue de la circonférence par deux. La surface foliaire a été mesurée par le mètre ruban, en multipliant la longueur par la largeur et par 0,8 qui est le coefficient de correction. Le nombre de feuilles vertes du pied mère, et celui du rejets fils se comptaient manuellement.

3. Résultats

3.1. Hauteur de pieds mères

La hauteur des plants la plus élevée a été obtenue avec les pieds mères de bananier issus des associations Nsikumuna - *Pterocarpus indicus* Willd et Gros Michel - *Millettia laurentii*, avec de valeurs moyennes respectivement de 3,8 m et de 3,5 m (Tableau 2). Cependant, la hauteur la plus faible a été observée avec les associations Bubi - *Acacia auriculiformis* (2,0 m), Ndongila - *Acacia auriculiformis* (2,0 m), Bubi - *Inga edulis* (2,1 m) et Diyimba - *Acacia auriculiformis* (2,1 m). En outre, les espèces *Pterocarpus indicus*

Willd et *Millettia laurentii* sont de légumineuses qui ont les plus influé significativement sur la croissance en hauteur de cultivars de bananiers mis en association, et plus particulièrement sur les cultivars Nsikumuna et Gros Michel (Tableau 2).

Tableau 2 : Hauteur de pieds mères de bananiers associés à quatre légumineuses arborescentes

	Cultivars de Bananiers				
Légumineu ses	**Bubi** (m)	**Diyimba** (m)	**Nsikumuna** (m)	**Ndongila** (m)	**Gros Michel** (cm)
Pterocarpus indicus Willd	2,5±0,3a	3,0±0,4a	3,8±0,5a	2,7±0,3a	3,2±0,4a
Milletia laurentii	2,2±0,2b	2,9±0,3a	2,7±0,2c	2,4±0,2ab	3,5±0,6a
Inga edulis	2,1±0,4b	2,4±0,6b	3,3±0,4b	2,2±0,3b	2,5±0,4b
Acacia auriculiform is	2,0±0,3b	2,1±0,3b	3,0±0,3c	2,0±0,1b	2,3±0,3b

Les résultats sont présentés sous forme de moyenne ± écarts types des moyennes. Les valeurs affectées d'une même lettre sur la colonne ne sont pas significativement différentes au seuil de probabilité de 5 %.

3.2. Diamètre au collet de pieds mères

Contrairement à la hauteur des plantes, le diamètre au collet le plus élevé a été enregistré avec les pieds mères de bananier du cultivar Gros-Michel, en association avec la légumineuse arborescente *Pterocarpus indicus* Willd (37,3 cm), suivi de ceux formés par les combinaisons Diyimba - *Millettia laurentii* (33,8 cm), Nsikumuna - *Pterocarpus indicus* Willd (33,8 cm) et Gros Michel - *Millettia laurentii* (32,7 cm) (Tableau 3). Cependant, le plus faible diamètre au collet a été enregistré avec les pieds mères de bananiers du cultivar Bubi associés avec les espèces *Acacia auriculiformis* (21,0 cm), *Inga edulis* (21,7 cm) et *Millettia laurentii* (22,6 cm). Et tout comme pour la croissance en hauteur de cultivars de bananiers mis en association, les espèces *Pterocarpus indicus* Willd et *Millettia laurentii* ont aussi influé significativement la croissance en diamètre de bananiers plus que toutes les autres légumineuses (Tableau 3).

Tableau 3 : Diamètre au collet de pieds-mères de bananiers associés à quatre légumineuses arborescentes

	Cultivars de Bananiers				
Légumineus es	**Bubi** (cm)	**Diyimba** (cm)	**Nsikumuna** (cm)	**Ndongila** (cm)	**Gros Michel** (cm)
Pterocarpus indicus Willd	24,7±1,6a	28,7±2,7b	33,7±2,8 a	30,0±2,3a	37,3±2,1a
Milletia laurentii	22,6±1,9ab	33,8±2,9a	27,2±2,1b	26,2±2,8b	32,7±2,9b
Inga edulis	21,7±1,7ab	25,9±2,2bc	31,0±2,4a	24,0±1,7c	32,3±2,4b
Acacia auriculiformi s	21,0±1,5ab	25,2±1,8bc	28,6±2,6b	22,8±1,9c	29,3±2,2c

Les résultats sont présentés sous forme de moyenne ± écarts types des moyennes. Les valeurs affectées d'une même lettre sur la colonne ne sont pas significativement différentes au seuil de probabilité de 5 %.

3.3. Nombre de rejets successeurs

Le nombre de rejets successeurs le plus élevé a été observé chez les plantes de bananiers des associations Gros Michel - *Inga edulis* (8,3 rejets successeurs) et Diyimba - *Millettia laurentii* (8 rejets successeurs) suivis des combinaisons Gros-Michel - *Pterocarpus indicus* Willd et Gros-Michel - *Acacia auriculiformis* (Tableau 4).

Tableau 4. Nombre de rejets successeurs de bananiers associés à quatre légumineuses arborescentes

Cultivars de Bananiers

Légumineuses	Bubi (Nombre de rejet)	Diyimba (Nombre de rejet)	Nsikumuna (Nombre de rejet)	Ndongila (Nombre de rejet)	Gros Michel (Nombre de rejet)
Pterocarpus indicus Willd	4,0±1,2a	3,6±1,2b	4,6±1,3a	3,6±1,1b	7,6±1,9ab
Milletia laurentii	3,0±1,1ab	8,0±2,2a	3,3±1,2b	3,3±0,9b	4,3±1,4c
Inga edulis	2,3±0,6b	3,6±1,9b	2,6±1,1c	4,6±1,4a	8,3±2,2a
Acacia auriculiformis	1,3±0,4c	2,3±1,6c	2,3±1,0cd	4,0±1,2ab	7,0±1,5b

Les résultats sont présentés sous forme de moyenne ± écarts types des moyennes. Les valeurs affectées d'une même lettre sur la colonne ne sont pas significativement différentes au seuil de probabilité de 5 %.

Le nombre de rejets successeurs le plus bas a été enregistré chez les plantes de bananier de l'association Bubi - *Acacia auriculiformis* (1,3 rejets successeurs) suivi de celles issues des associations Bubi - *Inga edulis* (2,3 rejets successeurs), Diyimba - *Acacia auriculiformis* (2,3 rejets successeurs), Nsikumuna - *Acacia auriculiformis* (2,3 rejets successeurs). Contrairement aux deux premiers paramètres, l'espèce légumineuse *Inga edulis* est celle qui a influencé significativement la production de rejets successeurs, avec un record de 8,3 rejets successeurs en association avec le cultivar Gros Michel suivi de *Millettia laurentii*, avec une production de 8 rejets successeurs en association en association avec le cultivar Diyimba.

3.4. Hauteur de rejets fils

La hauteur la plus élevée a été obtenue avec les rejets fils issus de l'association Gros Michel - *Pterocarpus indicus* Willd (77,3 cm) suivi de Bubi - *Pterocarpus indicus* Willd (66,0 cm) et Nsikumuna - *Pterocarpus indicus* Willd (65,0 cm) (Tableau 5).

Tableau 5. Hauteur de rejets fils de bananiers associés à quatre légumineuses arborescentes

Cultivars de Bananiers

Légumineuses	Bubi (cm)	Diyimba (cm)	Nsikumuna (cm)	Ndongila (cm)	Gros Michel (cm)
P. indicus Willd	66,0±11,2a	62,0±6,1a	65,7±8,4a	61,3±6,4b	77,3±13,9a
Milletia laurentii	62,0±9,3b	57,0±6,5b	54,6±10,8b	39,6±16,3c	43,0±17,5d
Inga edulis	56,6±12,8c	52,9±9,9c	49,0±12,8c	64,4±5,3a	56,0±14,1c
Acacia auriculiformis	39,3±19,7d	31,3±21,7d	36,3±16,6d	21,1±19,0d	62,0±16,3b

Les résultats sont présentés sous forme de moyenne ± écarts types des moyennes. Les valeurs affectées d'une même lettre sur la colonne ne sont pas significativement différentes au seuil de probabilité de 5 %.

Néanmoins, la hauteur de rejets fils la plus faible a été observée chez les bananiers de l'association Ndogila - *Acacia auriculiformis* (21,1 cm) suivi de ces issus des associations Diyimba - *Acacia auriculiformis* (31,3 cm), Nsikumuna - *Acacia auriculiformis* (36,3 cm) et Bubi - *Acacia auriculiformis* (39,3 cm). Les légumineuses *Pterocarpus indicus* Willd et *Millettia laurentii* ont aussi influencé significativement la croissance en hauteur de rejets fils de presque tous les cultivars de bananiers étudiés, sauf pour le cultivar Ndongila qui s'est mieux comporté en association avec *Inga edulis*.

3.5. Surface foliaire de pieds mères

Tableau 6. Surface foliaire de pieds mères de bananiers associés à quatre légumineuses arborescentes

Cultivars de Bananiers

Légumineuses	Bubi (cm^2)	Diyimba (cm^2)	Nsikumuna (cm^2)	Ndongila (cm^2)	Gros Michel (cm^2)
P.indicus Willd	4234,0±417a	3316,0±312b	4145,3±403a	4793,3±423a	4292,0±401b
Milletia laurentii	3881,3±396b	4231,3±336a	3153,0b±377c	3419,3±463c	3804,6±452cd
Inga edulis	3240,0±389c	2896,6±373c	3423,0±369b	4106,6±411b	3585,0±399d
Acacia auriculiformis	3647,3±422bc	2429,0±395d	3468,3±388b	3175,0±462cd	3210,3±441d

Les résultats sont présentés sous forme de moyenne ± écarts types des moyennes. Les valeurs affectées d'une même lettre sur la colonne ne sont pas significativement différentes au seuil de probabilité de 5 %.

Par rapport à la surface foliaire de pieds mères de cinq cultivars de bananiers, il ressort du tableau 6 que le cultivar Ndongila, en association avec la légumineuse *Pterocarpus indicus* Willd, avait produit de feuilles ayant la plus grande surface foliaire (4793 cm2) suivi du cultivar Gros Michel en association avec *Pterocarpus indicus* Willd (4292 cm2). La surface foliaire la plus faible a été observée chez le cultivar Diyimba, en association avec les légumineuses *Acacia auriculiformis* (2429 cm2) et *Inga edulis* (2896,6 cm2).

3.6. Nombre de feuilles vertes de pieds mères

Tableau 7. Nombre de feuille verte de pieds mères de bananiers associés à quatre légumineuses arborescentes

Cultivars de Bananiers

Légumineuses	Bubi (Nombre de feuille)	Diyimba (Nombre de feuille)	Nsikumuna (Nombre de feuille)	Ndongila (Nombre de feuille)	Gros Michel (Nbre_ fe)
Pterocarpus indicus Willd	4,6±1,1a	4,6±1,1b	6,3±1,7a	6,3±1,8a	6,0±1,8a
Milletia laurentii	4,6±1,1a	6,0±1,7a	4,0±1,2b	6,0±1,7a	5,6±1,4ab
Inga edulis	3,3±0,9b	3,6±0,9bc	4,3±1,2b	4,3±1,2b	6,6±2,0a
Acacia auriculiformis	3,0±0,8b	2,6±0,7c	3,6±0,9bc	5,6±1,4ab	5,0±1,2b

Les résultats sont présentés sous forme de moyenne ± écarts types des moyennes. Les valeurs affectées d'une même lettre sur la colonne ne sont pas significativement différentes au seuil de probabilité de 5 %.

Le nombre de feuilles vertes produit par pied mère (Tableau 7) montre que le cultivar Gros Michel, en association avec la légumineuse *Inga edulis* avait produit le plus grand nombre des feuilles vertes (6,6 feuilles) suivi des cultivars Nsikumuna et Ndongila, en association avec *Pterocarpus indicus* Willd (6,3 feuilles). Le nombre des feuilles vertes le plus faible a été observé avec le cultivar Diyimba, avec 2,6 feuilles vertes en association avec la légumineuse *Acacia auriculiformis* ainsi que le cultivar Bubi en association avec les légumineuses *Acacia auriculiformis* (3 feuilles vertes) et *Inga edulis* (3,3 feuilles vertes).

3.7. Nombre de feuilles de rejets fils

Tableau 8. Nombre de feuille de rejets fils de bananiers associés à quatre légumineuses arborescentes

| Légumineuses | Cultivars de Bananiers | | | | |
	Bubi (Nombre)	Diyimba (Nombre)	Nsikumuna (Nombre)	Ndongila (Nombre)	Gros Michel (Nombre)
Pterocarpus indicus Willd	3,3±0,4a	3,0±0,3b	5,6±1,1a	4,6±1,1b	9,0±2,3a
Milletia laurentii	2,6±0,3ab	8,3±3,0a	3,0±0,9cd	4,0±0,9bc	3,6±0,7c
Inga edulis	2,6±0,3ab	2,6±0,2bc	4,6±1,1b	6,3±1,2a	7,6±2,1b
Acacia auriculiformis	2,6±0,3ab	1,6±0,1c	3,6±0,6c	3,6±0,7bc	7,3±1,9b

Les résultats sont présentés sous forme de moyenne ± écarts types des moyennes. Les valeurs affectées d'une même lettre sur la colonne ne sont pas significativement différentes au seuil de probabilité de 5 %.

Le nombre de feuilles produites par les rejets fils des cinq cultivars de bananiers (Tableau 8) a montré que le cultivar Gros Michel, en association avec la légumineuse *Pterocarpus indicus* Willd, avait des rejets avec le plus grand nombre des feuilles (9 feuilles) suivi des cultivars Diyimba, en association avec *Millettia laurentii* (8,3 feuilles). Le nombre des feuilles le plus faible a été observé avec les rejets fils du cultivar Diyimba, en association avec les légumineuses *Acacia auriculiformis* (1,6 feuilles) et *Inga edulis* (2,6 feuilles) ainsi que le cultivar Bubi, en association avec les légumineuses *Acacia auriculiformis* (2,6 feuilles) et *Inga edulis* (2,6 feuilles).

c) Paramètres de production

Comme paramètres de production, nous avons comparé la date de 50% de floraison, le poids de régime et le rendement estimatif de différents cultivars de bananiers installés dans différents agroécosystèmes. Les résultats ont été obtenus au moyen d'une analyse ANOVA au seuil de probabilité de 5%. Le test de la plus petite différence significative (PPDS) a été utilisé en vue de comparer les résultats de différentes associations légumineuses – cultivars aussi bien sur la croissance végétative que sur la production dans les conditions savanicoles.

3.8. Date de 50% de floraison

Tableau 9. 50% de floraison de bananiers associés à quatre légumineuses arborescentes

Cultivars de Bananiers

Légumineuses	Bubi (jours)	Diyimba (jours)	Nsikumuna (jours)	Ndongila (jours)	Gros Michel (jours)
P. indicus Willd	437,0±4,7a	337,0±5,3a	429,0±15,3a	387,0±5,5a	346,0±46,3b
Milletia laurentii	433,0±4,8a	343,0±6,2a	338,0±12,1b	381,0±5,3a	436,0±43,2a
Inga edulis	431,0±3,9a	329,0±4,8b	430,0±11,7a	375,0±4,6b	340,0±39,8b
Acacia auriculiformis	437,0±4,7a	337,0±5,3a	429,0±15,3a	387,0±5,5a	346,0±46,3b

Les résultats sont présentés sous forme de moyenne ± écarts types des moyennes. Les valeurs affectées d'une même lettre sur la colonne ne sont pas significativement différentes au seuil de probabilité de 5 %.

Diyimba était le cultivar qui avait atteint 50% de floraison avant tous les autres, respectivement en association avec les légumineuses *Inga edulis* (329 jours), *Pterocarpus indicus* Willd (337 jours) et *Acacia auriculiformis* (337 jours) (Tableau 9). Les cultivars qui avaient atteint 50% de floraison après tous les autres sont Bubi, en association avec *Pterocarpus indicus* Willd (437 jours) et *Acacia auriculiformis* (437 jours) ainsi que Gros Michel, en association avec *Pterocarpus indicus* Willd (436 jours).

3.9. Poids de régimes

Les poids des régimes les plus élevés ont été enregistrés sur le cultivar Nsikumuna, respectivement en association avec les légumineuses *Pterocarpus indicus* Willd (25,5 kg) et *Inga edulis* (23,2 kg) ainsi que sur le cultivar Gros Michel (24,8 kg), en association avec la légumineuse *Millettia laurentii* (Tableau 11).

Tableau 11. Poids de régimes de bananiers associés à quatre légumineuses arborescentes

Cultivars de bananiers

Légumineuses	Bubi (kg)	Diyimba (kg)	Nsikumuna (kg)	Ndongila (kg)	Gros Michel (kg)
Pterocarpus indicus Willd	14,8±2,5a	11,7±2,7b	25,5±6,7a	16,0±1,8a	16,8±2,3b
Milletia laurentii	13,1±2,3b	15,9±3,8a	10,3±d	15,4±1,4a	24,8±4,7a
Inga edulis	11,3±1,8c	9,6±1,9c	23,2±4,9b	14,7±1,2ab	15,3±2,1bc
Acacia auriculiformis	9,0±1,1d	7,0±0,8d	19,5±2,6c	12,0±1,0b	14,8±1,6bc

Les résultats sont présentés sous forme de moyenne ± écarts types des moyennes. Les valeurs affectées d'une même lettre sur la colonne ne sont pas significativement différentes au seuil de probabilité de 5%.

Cependant, les poids de régimes les plus faibles ont été respectivement enregistrés sur les cultivars Diyimba (7 kg) et Bubi (9 kg), en association avec la légumineuse *Acacia auriculiformis*.

3.10. Rendement estimatif par hectare

Tableau 14. Rendement estimatif de bananiers associés à quatre légumineuses arborescentes

Cultivars de bananiers

Légumineuses	Bubi (t/ha)	Diyimba (t/ha)	Nsikumuna (t/ha)	Ndongila (t/ha)	Gros Michel (t/ha)
Pterocarpus indicus Willd	17,9±2,8a	14,2±3,1b	30,9±8,1a	19,1±2,0a	20,2±1,0b
Milletia laurentii	15,7±2,3b	19,3±4,5a	12,5±2,1d	18,4±1,7b	28,7±1,2a
Inga edulis	13,7±1,8c	11,5±1,6c	28,0±6,3b	17,7±1,4bc	18,4±0,7c
Acacia auriculiformis	11,4±1,3d	8,6±0,9d	23,5±4,4c	14,6±1,2c	17,8±0,5c

Les résultats sont présentés sous forme de moyenne ± écarts types des moyennes. Les valeurs affectées d'une même lettre sur la colonne ne sont pas significativement différentes au seuil de probabilité de 5 %.

En ce qui concerne les résultats relatifs au rendement de cinq cultivars de bananiers sous études, on peut noter que le rendement à l'hectare le plus élevé a été enregistré avec le cultivar Nsikumuna, avec des rendements de 30,9 t/ha et de 28 t/ha, respectivement en association avec les légumineuses *Pterocarpus indicus* Willd et *Inga edulis* (Tableau 14). Les plus faibles rendements à l'hectare ont été observés avec les cultivars Diyimba (8,6 t/ha et 11,5 t/ha) et Bubi (11,4 t/ha et 13,7 t/ha), en association respectivement avec les légumineuses *Acacia auriculiformis* et *Inga edulis*.

4. Discussion

Les résultats obtenus ont montré que le comportement de cultivars de bananiers a été influencé par les essences légumineuses associées. Cependant, ce comportement est fonction de cultivar et de la légumineuse associée. Par rapport aux cinq cultivars dans les différentes associations, les cultivars Nsikumuna et Gros Michel se sont révélés plus performants que les trois autres. Ce résultat se justifierait par leur identité génétique, car comparativement aux autres, ces deux cultivars présentent de caractéristiques plus intéressantes (INERA, 2008 et SENASEM, 2012 et 2019).

Et cela pourrait aussi se justifier par l'amélioration des propriétés physico-chimiques du sol suite aux biomasses foliaires de ces deux essences légumineuses ainsi qu'à leur bonne capacité de fixation d'azote atmosphérique. Il a déjà été démontré par Akouehou *et al.* (2012) que les légumineuses améliorent la fertilité du sol par la fixation de l'azote et permettent dans une option agroforestière d'en produire suffisamment.

Nous avons aussi noté pour l'ensemble de paramètres évalués, que les résultats de tous les cultivars de bananiers mis en combinaison avec les légumineuses arborescentes sont inférieurs aux valeurs moyennes définies par l'INERA, en monoculture (cultures pures). Ceci peut s'expliquer par le fait que les bananiers avaient subis l'effet de l'ombrage. Ils avaient reçu peu de lumière qui est indispensable pour leur développement. D'après Champion (1963) et Ekstein *et al.* (1997), cité par Kibungu (2008), une lumière insuffisante réduit la circonférence et la hauteur, et par conséquent le poids du régime. On estime que l'insuffisance de la lumière a entraîné la réduction de l'activité photosynthétique. Cela a eu pour conséquence la réduction de la croissance de la plante et de certain de ces organes. C'est ce qui fait que les bananiers sous les essences légumineuses arborescentes ou en association avec ces dernières, se sont révélés moins productifs que les bananiers en monoculture, mais aussi que le cycle végétatif des cultivars de bananiers soit plus prolongé.

Par rapport aux légumineuses arborescentes mises en association avec les cultivars de bananiers, nous avons constaté que les essences *Pterocarpus indicus* Willd et *Millettia laurentii* ont plus influencé le comportement de cultivars de bananiers par rapport aux autres, mais surtout en association avec les cultivars Nsikumuna et Gros Michel (les associations Nsikumuna avec *Pterocarpus indicus* Willd ou *Millettia laurentii* et Gros Michel - *Millettia laurentii*). Cependant, l'espèce *Acacia auriculiformis* a moins influencé le comportement de tous les cultivars de bananiers, car les plus faibles résultats ont été obtenus sur presque toutes les associations formées avec l'Acacia. Cette situation pourrait s'expliquer par la vitesse de croissance et la production de biomasse de légumineuses arborescentes associées dans les différentes combinaisons. La croissance et le développement de ces mêmes légumineuses arborescentes avaient été comparativement évalués par Bangata *et al.* (2022), et les résultats obtenus avec l'espèce *Acacia auriculiformis*, en termes de croissance et de la production de biomasse étaient les plus spectaculaires. Il a aussi été démontré par d'autres chercheurs qu'*Acacia auriculiformis* est une essence à croissance rapide et produit une biomasse abondante (Akouèhou *et al.*, 2011 et 2012).

Ainsi, nous pensons que la croissance rapide d'Acacia et son abondante biomasse pourraient causer un effet d'ombrage sur les bananiers, et par ricochet, réduire la performance de ce-derniers.

Par son importante biomasse sous forme d'émondes et de litières, *Acacia auriculiformis* a aussi eu un impact potentiellement fort sur l'acidification du sol (Kasongo *et al.* 2009, 2010 et 2011 et Ponette *et al.* 2011). Lorsque ses feuilles tombent, elles se décomposent en acide humique et acidifient le sol (Wuenschel, 2019), ce qui ne serait pas bénéfique à la croissance de bananiers car il a été démontré par Yamashita *et al.* (2008) que l'acidification des sols (assortie à d'autres changements) peut rendre les plantations moins productives et altérer la capacité des espèces natives à repeupler la zone par la suite.

Les travaux de Wang *et al.* (2010) ont démontré que *Acacia auriculiformis* est l'une des espèces ayant les taux les plus élevés de nitrification. Le processus de nitrification serait une des causes de l'acidification des sols occupés par *Acacia auriculiformis* (Kasongo *et al.*,2009; Dufey & Delvaux, 2009). Or, la zone de productivité optimale de bananier se situe autour de la neutralité, entre 6 et 7 pour le pH (Vandenput, 1981).

5. Conclusion

Le présent travail avait pour objectif l'amélioration de la production des bananes dans les conditions éco-climatiques de plateau des Batéké en comparant les différentes combinaisons sylvo-bananières, associations de légumineuses arborescentes avec cinq cultivars de bananiers en vue d'identifier celles qui sont performantes dans ces conditions agro-éco-climatiques de plateau des Bateke et pouvant être recommandées aux producteurs de Kinshasa et ses environs. Ces légumineuses arborescentes ont été transplantées une année avant la mise en place des bananiers.

Les résultats obtenus ont montré que par rapport aux cinq cultivars de bananiers étudiés dans les différentes associations, les cultivars Nsikumuna et Gros Michel se sont révélés plus performants que les trois autres, surtout en association avec les légumineuses *Pterocarpus indicus* Willd et *Millettia laurentii* (les associations Nsikumuna avec *Pterocarpus indicus* Willd ou *Millettia laurentii* et Gros Michel - *Millettia laurentii*). Les résultats les plus élevés obtenus avec ces cultivars de bananiers se justifieraient par leur identité génétique et par l'amélioration des propriétés physico-chimiques du sol par suite des biomasses foliaires de ces deux essences légumineuses ainsi qu'à leur bonne capacité de fixation d'azote atmosphérique.

Au regard des résultats obtenus, il apparaît de manière claire que les associations Nsikumuna - *Pterocarpus indicus* Willd et Gros michel -

Millettia peuvent être utilisée comme meilleur agroécosystème sylvo-babaniers pour la production de bananiers dans les conditions savanicoles de la République Démocratique du Congo.

Références bibliographiques

Akouehou S.G., Agbahungba G.A., Houndehin J., Mensah G.A. & Sinsin B. A., 2011. Performance socio-économique du système Agroforestier à *Acacia auriculiformis* dans la Lama au sud du Bénin. *Int. J. Biol. Chem. Sci.*, 5: 1039-1046.

Akouehou S.G., Djogbenou C.P., Hounsounou L.C., Goussanou A.C., Gbozo E., Agbangla G., Fandohan S., Agossou H. & Mensah G.A., 2012. Fiche Technique: Production et valorisation en agro-foresterie du bois de *Acacia auriculiformis* en zone guinéenne au Bénin. Bibliothèque National (BN) du Bénin, 18 p.

Bangata B.M. & Mobambo K.N.P., 2022. Évaluation de la productivité de cinq cultivars de bananiers associés aux légumineuses arborescentes à Kinshasa, RD Congo. *Rev. Mar. Sci. Agron. Vét.* **10**(4): 461-468

Champion J., 1963. Botanique et Génétique des bananiers. Notes et documents sur les bananiers et leur culture, IFAC, Ed. STECO, Paris, 214p.

Dufey J. & Delvaux B., 2009. Syllabus du cours de sciences du sol, volume 1 et 2. Université catholique de Louvain, faculté ingénierie biologique, agronomique et environnementale. Duc Diffusion universitaire CIACO.

Eckstein K., Robinson J.C. & Fraser C., 1997. Physiological responses of banana (*Musa* AAA; Cavendish sub-group) in the subtropics. VII. Effects of windbreak shading on phenology, physiology and yield. *Journal of Hort. Sci.*, 72: 389-396.

INERA, 2008. Caractéristiques de cultivars de bananier utilisés. Inédit.

Kansongo R.K., Van Ranst E., Verdoodt A., Kanyankogote P. & Baert G. 2009. Impact of *Acacia auriculiformis* on the chemical fertility of sandy soils on the Batéké plateau, D.R. Congo. *Soil Use and Management*, 25: 21-27.

Kasongo R.K., Van Ranst E., VerdoodtA., Kanyankogote P. & Baert G. 2010. Roche phosphatée de Kanzi comme engrais à propriété amendante pour des sols sableux de l'Hinterland de Kinshasa. *Étude et Gestion des sols*, 17: 47-58.

Kasongo R.K., Verdoodt A., Kanyankogote P., Baert G. & Van Ranst E. 2011. Coffee waste as an alternative fertilizer with soil improving properties for sandy soils in humid tropical environ- ments. *Soil Use and Mangement*, 27: 94-102.

Kibungu P.K., 2008. Détermination des espèces dans la succession de *Terminalia Superba* et de leurs impacts sur le bananier: cas du système sylvobananier dans la réserve de biosphère de Luki- Mayumbe (RD Congo). Mémoire de fin d'Etudes, inedit, Université de Kinshasa - Ingénieur agro- nome en gestion des ressources naturelles (faune et flore). 31p.

Kwa M. & Temple L., 2019. Le bananier plantain: Enjeux socio- économiques et techniques, expériences en Afrique intertropi- cale. Éditions Quæ, CTA, Presses agronomiques de Gembloux.

Nsombo M.B., 2016. Evolution des nutriments et du carbone organique du sol dans le système agroforestier du plateau des Batéké en République Démocratique du Congo. Thèse de Doctorat, Université de Kinshasa, 198 pages.

Ponette Q., 2010. Effets de la diversité des essences forestières sur la décomposition des litières et le cycle des éléments. *Forêt Wallonne*, 106: 33-42.

SENASEM, 2012. Catalogue variétal des cultures vivrières: Maïs, Riz, Haricot, Arachide, Soja,

Niébé, Manioc, Patate douce, Pomme de terre et Bananier. Projet CTB/MINAGRI "appui au secteur semencier" 240, 177-237.

SENASEM, 2019. Catalogue national variétal des cultures vivrières. Répertoire des variétés homologuées de plantes à racines, tubercules et du bananier, 93-117.

Vandenput R., 1981. Les principales cultures en Afrique centrale. Presse de l'imprimerie Lesafre, B7500, Belgique.

Wang F., Li Z., Xia H., Zou B., Li N., Liu J. & Zhu W., 2010. Effects of nitrogen-fixing and non-nitrogen-fixing tree species on soil properties and nitrogen transformation during forest restoration in southern China, *Soil Science and Plant Nutrition,* 56(2): 297-306. http://dx.doi.org/10.1111/j.1747-0765.2010.00454.

Wuenschel A., 2019. Impacts écologiques potentiels à long- terme des plantations d'*Acacias* non-natifs dans la région de Kinshasa, en RD. Rapport de l'USAID, 37: 16-17.

Yamashita N., Ohta S. & Hardjono A., 2008. Soil changes induced by *Acacia mangium* plantation establishment: Compari- son with secondary forest and *Imperata cylindrica* grassland soils in South Sumatra, Indonesia. *For. Ecol. Manag.,* 254: 362–370.

CHAPITRE 7. CONCLUSION GENERALE

Les systèmes de culture des bananiers plantains étudiés ont fourni des services écosystémiques recherchés qui sont, entre autres, une amélioration de la performance physico-chimique des sols via le rehaussement de la fertilité, une amélioration de la santé de plantes et une amélioration de la production des bananes plantains. Ainsi, les technologies générées, faciles et disponibles à la portée des petits planteurs sont donc essentielles pour améliorer la production du bananier plantain, d'autant plus que dans ces milieux d'étude, cette plante est cultivée principalement par cette catégorie de producteurs qui n'ont pas facilement accès aux intrants chimiques.

L'impact positif des pratiques culturales avec les plantes associées, vivrières ou pérennes, se trouve naturellement dans l'approvisionnement des matières organiques apportées aux sols utilisés. C'est ainsi que cet engrais organique avait donné des meilleurs résultats quant à ces trois paramètres de rendement analysés à savoir, le poids des régimes, le poids des doigts et le rendement du bananier plantain.

Une amélioration de la production est nécessairement subordonnée à la fertilisation, que celle-ci soit minérale ou organique, étant donné que le bananier plantain est très exigeant à la nutrition minérale du sol à cause de ses matières végétales abondantes, notamment sa fausse-tige (pseudo-tronc) géante et ses feuilles très larges. C'est pourquoi, de manière naturelle, le bananier plantain est très répandu dans les zones forestières où la litière issue des arbres et arbustes constitue une source permanente des matières organiques favorables à sa production.

Ainsi donc, au regard des résultats obtenus dans le système de cultures en couloirs où le bananier plantain a été associé avec les essences forestières arborescentes, les combinaisons trouvées sont recommandables auprès des producteurs œuvrant dans le milieu de conditions savanicoles en vue de rentabiliser la production de bananier plantain par l'approche agroforestière.

Ceci peut aussi s'inscrire dans le cadre de la campagne pour la transition agroécologique qui est actuellement prônée par la communauté scientifique internationale.

www.ingramcontent.com/pod-product-compliance
Lightning Source LLC
Chambersburg PA
CBHW061838220326
41599CB00027B/5324